# 神奇动物在哪里

# 昆虫和爬行动物的传说

〔挪威〕莉娜·伦斯勒布拉滕 绘著

余韬洁 译

人民文学出版社
PEOPLE'S LITERATURE PUBLISHING HOUSE

著作权合同登记号 图字01-2020-1531

Author: Line Renslebråten
**INSEKTER OG KRYPDYR: FAKTA OG FORTELLINGER FRA HELE VERDEN**

Copyright © Arneberg Forlag 2016

**图书在版编目(CIP)数据**

昆虫和爬行动物的传说 / (挪) 莉娜·伦斯勒布拉滕
绘著；余韬洁译. -- 北京：人民文学出版社, 2022
（神奇动物在哪里）
ISBN 978-7-02-016871-2

Ⅰ.①昆… Ⅱ.①莉… ②余… Ⅲ.①昆虫—儿童读
物②爬行纲—儿童读物 Ⅳ.①Q96-49②Q959.6-49

中国版本图书馆CIP数据核字(2022)第031631号

责任编辑　卜艳冰　杨　芹
封面设计　李　佳

出版发行　人民文学出版社
社　　址　北京市朝内大街166号
邮政编码　100705

印　　制　上海盛通时代印刷有限公司
经　　销　全国新华书店等

字　　数　95千字
开　　本　889毫米×1194毫米　1/16
印　　张　6.5
版　　次　2022年2月北京第1版
印　　次　2022年2月第1次印刷

书　　号　978-7-02-016871-2
定　　价　75.00元

如有印装质量问题,请与本社图书销售中心调换。电话：010—65233595

# 目 录

# 作者的话

　　昆虫和爬行动物里有些是恶心丑陋的，有些是美丽动人的，有些是让人毛骨悚然的，而它们全都有自己的作用。同时，它们也让人很着迷。在我们的世界里，有各种各样的昆虫和爬行动物，种类五花八门，既有让人怀疑龙是否存在过的巨蜥，也有毛茸茸的小爬虫和五颜六色的蝴蝶。

　　无论大小，它们都是我们这个星球的重要贡献者。老实说，没有昆虫和爬行动物，自然就会停止运行。花朵、田地和果树都依靠昆虫来授粉。是昆虫把花粉从一朵花带到另一朵花，这样才能长出新的草木来。如果没有这些小帮手，许多植物将会灭种。昆虫和爬行动物还会清洁大自然，确保死去的植物和动物的营养物质能回到土壤里，这样才能供给新的生命。此外，它们也是其他动物的食物。自然界中的一切都是相互联系的，并互相影响，这就是我们所说的生态系统。

　　物理学家阿尔伯特·爱因斯坦认为，如果蜜蜂灭绝，人类就只能存活四年……所以，我们要保护所有的昆虫和爬行动物！

　　你手中捧着的这本书是这样设计的：每种昆虫或爬行动物有两页的内容，有插图、一份关于它们的简介和一个精心挑选的故事。这个故事或是童话，或是寓言，或是传说，或是传奇，或是神话。这些故事是根据现有的文本复述的。动物简介则是以我广泛收集的资料信息为基础编写而成的。

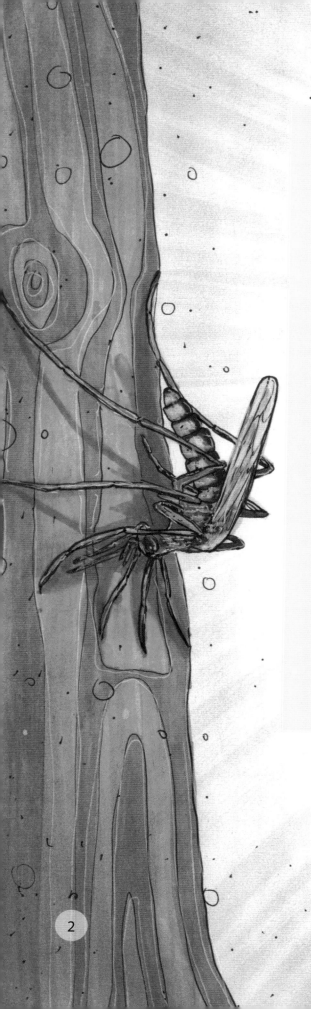

# 蚊子

　　蚊子是一种飞虫，大小从半毫米到五十毫米不等，最大的蚊子翅膀展开有十厘米宽！这些小飞虫遍布世界各地，已经发现的有一万四千种，仅在挪威已知的就有一千五百多种。蚊子的腹部有六节以上的关节，这将它与苍蝇区分开，苍蝇只有四节或四节以下。蚊子的翅膀很窄，腿很长。雌蚊有管状的口器，用来吸血。蚊子的唾液里含有一种让我们人类产生过敏反应的物质，这就是为什么我们被蚊子咬了以后会发痒！

　　大多数蚊子将卵产在潮湿的地方，如沼泽边、池塘边或中空的树木里积水的地方。卵孵化时，孵出的是幼虫，后来会长出翅膀。那些不吸血的蚊类靠吸花蜜为生，即使是吸血蚊类的雄蚊也是如此。蚊子会传播疟疾和登革热等危险疾病。

# 蚊子和沙蝇

（毛利人传说）

很久以前，沙蝇和蚊子决定共同攻击人类。蚊子觉得最好是在夜幕降临后发动攻击，因为那时不易被发现，最有可能获得最多的成功。沙蝇则认为应该采取一个完全相反的计划：白天进行大规模的攻击会让人类缓不过神来，从而让他们无招架之功。它们谁也不能说服谁，最后沙蝇决定把所有的同胞召集起来，在没有蚊子的帮助下实施攻击计划。

沙蝇汇集在一起，密密麻麻地像一小团云雾，对着出现在小径上的第一个人发动了攻击。它们以密集的阵形围着这人的脑袋乱转。这个男人一边晃着脑袋，一边疯狂地左拍右打，不停地从这边跳到那边，打中了好多脆弱的小沙蝇——它们都掉在地上死掉了。少数活下来的，扭头就飞走了。

沙蝇的首领飞去告诉蚊子首领发生的事。"我们真是束手无策，一败涂地啊。"它泣不成声。

太阳沉入大海后，蚊子首领就为死去的沙蝇兄弟们报仇去了。它从帐篷的一条裂缝偷偷钻进去，又在蚊帐上发现了一个小洞，然后就开始围绕着男人的脑袋乱飞，再闪电般飞回安全地带。

被"嗡嗡"声吵醒的男人往自己身上一记猛拍。这个他在行，可惜他只打到了自己的耳朵。蚊子一次又一次地开展了精准的攻击，而男人只能乱拍乱打。最后他把自己的耳朵打得太狠了，都快聋了。

蚊子首领意识到这个男人现在几乎听不见了，于是马上给同胞们发送呼叫信号。它们聚集起来，一起向男人扑去。第二天，男人的脸又肿又胀，眼睛都挤得看不见东西了。所以现在他是既聋又瞎。

蚊子的作战计划——夜袭——取得了巨大的成功。我们发现，它们的这个计划现在仍然有效！你只能记住，千万别把自己的耳朵打得太狠了。

# 短吻鳄

　　短吻鳄是一种与鳄鱼有亲缘关系的爬行动物。它有大大的脑袋、短腿、长长的像蜥蜴一样的身体和尾巴。它的身体上覆盖着厚厚的铠甲，皮肤下面有骨板，尤其是头部皮肤又厚又硬。短吻鳄是冷血动物，肺部很小。因此，它一次不能跑太久，但它的短时行进速度可以达到每小时十七千米至十八千米，这样可以快速捕获猎物。短吻鳄有两种，北美短吻鳄和东亚短吻鳄。北美短吻鳄可重达五百千克，长近四米，而东亚短吻鳄可重达四十千克，体长两米。短吻鳄的大脑重八克至九克，只有半茶匙那么大。短吻鳄是三千七百万年前出现在地球上的！它们喜欢在河流和沼泽附近生活，主要吃鱼类、鸟类和哺乳动物。对人类来说，它们也是危险的动物。短吻鳄会产卵，胚胎的性别由孵化时的温度决定。天气热的时候，它们就会是雄性，而天气冷的时候，它们就会是雌性。

# 短吻鳄的果子
### （菲律宾民间故事）

　　从前，有两个女孩出去给家人采果子。她们提着满满的篮子沿着小河往回走时，其中一个女孩看到了一个以前从未见过的五彩果子，非常诱人。她一把摘下来，咬了一大口。果子真好吃啊！她把这个果子的一半都吃到肚子里后，另一个女孩才看到她正在吃的是什么，于是问道："你在做什么啊？你是不是从短吻鳄的果树上偷果子了？你可千万别把吃剩的果子扔到河里啊。要是短吻鳄看到果子上面有你的牙印，它就会明白是谁偷了它的果子，那时你就麻烦了。"但第一个女孩压根没把她的话放在心上，还是把果核扔进水里了。

　　过了一会儿，果然有一只脾气暴躁的大短吻鳄游了过来，一看到漂荡在水面上的果核就大发雷霆。"是谁把我的果子给偷了？"它恶狠狠地咆哮道。它仔细看了看果核，顺着小河游了一小段就到了女孩的住处。它爬上岸，站在屋外大喊："快把那个吃了我果子的女孩交出来，我现在要吃了她！"

　　屋子里，一家人急得到处寻找可以欺骗短吻鳄的东西。女孩的母亲足智多谋，她找了根在菜地用的铁棍，放在火上烤，然后朝外面的短吻鳄喊道："我们现在就把她扔给你。"短吻鳄闭上眼睛，把嘴张得老大。等它发现吃到肚子里的是一根烧得发红的铁棍时，一切为时已晚，它就这么死了。

# 牛虻(méng)

　　牛虻和苍蝇有亲缘关系，但是比苍蝇厉害得多。雌虻会吸血，雄虻以花蜜为食。牛虻生活在世界各地，已知的种类已超过四千种。它们有用来刺吸的强大口器，和一对大大的眼睛，翅膀上有彩虹般色泽的斑点。夏天，牛虻在外面飞来飞去，让人非常讨厌，牛虻咬人以后，皮肤的伤口处又痛又痒还发红。有些人甚至可能对牛虻的叮咬产生强烈的过敏反应。在那些比较温暖的国家，牛虻会是一个很大的问题，因为在牛虻泛滥的日子里人们不能去户外，不然有可能因它们的叮咬而感染炭疽病和牛瘟等危险疾病。牛虻在近水的地方产卵。

# 稻草富翁
## （日本民间故事）

　　大越乃介是一个勤劳而贫穷的年轻农夫，每天他从清早到深夜都在田里劳作。有一天，他去庙里向观音菩萨祈祷，哭着祈求自己能摆脱贫困。这些话被观音菩萨听见了，很同情他。她把一只手放在他的头上，告诉他应该向西走，路上他第一个摸到的东西一定要捡起来。男人离开了，但他又累又饿，脚下一不留神就摔倒了。他第一个抓到的是一根稻草。他想起了观音菩萨的话，抓起稻草继续往前走。

　　夏日炎热，尘土飞扬，一只牛虻围着他嗡嗡转。男人追着牛虻打，终于抓住了它。他把它绑在稻草上继续走，一直走到一个小村庄。在那里，他遇到了一个拼命想要安抚哭闹宝宝的母亲。宝宝一看到被稻草绑住的牛虻拼命挣扎的样子就不哭了，还笑了起来。这个母亲非常高兴，就想用三个橙子换他的牛虻。大越乃介接过橙子，又出发了。

　　没走多远，他就碰到一个口渴的年轻女子。他除了橙子也没有别的东西可以给她，但因为他很善良，就把三个橙子都给她了。作为回报，她给了他一匹漂亮的丝绸布料。接下来的路上，他遇到了一名武士。武士想用自己精疲力竭的马换他的丝绸布料，而大越乃介接受了这个提议。他精心照料这匹马，马很快就恢复了元气，现在他可以骑着马继续走了。

　　他进入一座大城市的城墙时，这座城市最富有的人刚好经过。富人对这匹骏马赞叹不已，非常想买下来，于是邀请大越乃介到了自己家里。在富人的宅邸中端坐着一个姑娘，大越乃介发现她正是自己用橙子救助过的年轻女子。原来她是这位富人的女儿，一见到他就立刻跪下来感谢他的帮助。富人看到这一切，认为这是观音菩萨的指示，想让这个高尚的年轻人做他的女婿和继承人。就这样，大越乃介只用一根稻草就成了百万富翁。

# 响尾蛇

　　响尾蛇是蝰（kuí）蛇的近亲，生活在南美洲最北部以及美国和加拿大之间的边境地区。响尾蛇因其尾部的"拨浪鼓"而得名，它用这尾巴来警告周围的敌人。如果有什么靠它太近，它就会迅速地咬上来犯者一口，注入可以杀死猎物的麻痹性毒素。响尾蛇主要吃小动物，如啮齿动物。响尾蛇产下的是幼蛇而非卵。幼蛇出生后由母蛇照料大约一周，之后就得靠自己了。响尾蛇幼时并不能摇尾发声，但毒素是与生俱来的。响尾蛇的"拨浪鼓"响环会随着每次蜕皮而逐渐增多。"拨浪鼓"由角蛋白构成，这和构成人类头发及指甲的蛋白质是同一种。

# 响尾蛇是如何学会咬人的

(印第安人传说)

　　时间伊始，创世之初，所有动物都幸福地生活在一起，彼此相处融洽。就连响尾蛇也是很受欢迎的，动物们都亲切地叫它"小娇娇"，因为它行动起来娇柔灵活。但是人类喜欢听它的尾巴发出"嘎啦嘎啦"的响声，于是不停地推搡逗弄它，想让它的尾巴不断地发出声音。最后响尾蛇实在受不了了，就跑去神那里诉苦。神从自己的嘴巴上拔了根胡须下来，切成许多小段，他用这些小段给响尾蛇打造了锋利的尖牙。现在响尾蛇终于可以反击了！

　　从那天起，我们再也不能为了听响尾蛇的响尾声而去逗弄它了。

# 澳洲魔蜥

　　澳洲魔蜥是一种澳大利亚蜥蜴，因身体上布满尖刺，所以也被称为刺角魔蜥。它生活在澳大利亚中部和西部干旱多沙的山区，长约二十厘米，最长可活二十年。澳洲魔蜥具有褐色调的保护色，浑身长着奇怪的突起状刺角，颈部还有一个特别大的突起，用来迷惑猎食动物。当澳洲魔蜥感受到威胁时，它会将头部向地面低下，假装颈部的突起才是它真正的头部。澳洲魔蜥行动有些迟缓，每走一步都来回晃动，这也是为了吓唬猎食动物。此外，它还能将自己鼓起来，让自己看起来更大、更可怕。由于澳洲魔蜥生活在干旱地区，所以它进化出了一种能从空气中收集水分的特殊能力。露水会在澳洲魔蜥身上尖刺之间的一个个小凹坑中汇集起来，然后直接流入它的嘴里。

# 刺角魔蜥乌拉和凤头鹦鹉

（澳大利亚民间故事）

乌拉是一只长得特帅的蜥蜴。它的皮肤光滑，上面密布着细小的鳞片，当它躺在那儿晒太阳的时候，那些鳞片闪闪发光，美丽极了。乌拉可喜欢日光浴了，但有一天这样躺了好几个小时之后，它开始觉得无聊。它看到了自己的回旋镖，决定扔着玩玩。

这时，一只凤头鹦鹉飞了过来，停在附近一棵树的树梢上。回旋镖飞出去又飞回来时，鹦鹉都会赞许地向乌拉点点头，次次如此。在骄傲中膨胀的乌拉把所有的力气都投入到最后一掷。"嗖"的一声，回旋镖划空而过，砸到了凤头鹦鹉，把它招展的美丽冠羽给削掉了。

凤头鹦鹉尖叫一声掉到了地上。它绝望又愤怒地跳来跳去，小血珠不断地从被削去冠羽的头上滴下来。乌拉看到自己干的好事，吓了一大跳，感到既羞愧又害怕。"我得赶紧跑。"它想到这里，就悄无声息地躲进了一丛荆棘(jí)里。但是凤头鹦鹉看到了，向它追去。鹦鹉尖锐的喙一旦能碰到它的尾巴，便开始一通乱啄。乌拉竭尽全力地扭来扭去，但没有用——荆棘的刺钻入了它的皮肤，把它困得死死的。

凤头鹦鹉还在啄它，直到它光滑的皮肤满是尖刺、疙瘩和坑洞。从那天起，乌拉就被称为刺角魔蜥，全身布满了棘刺。

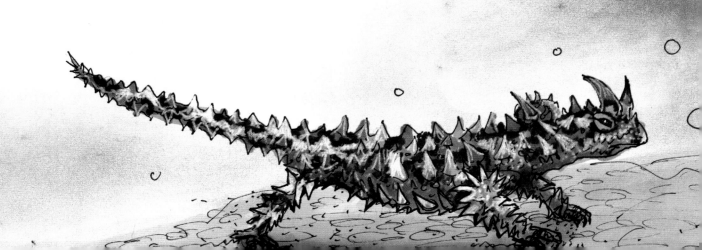

# 鳄鱼

　　鳄鱼是地球上最大的爬行动物，生活在非洲、亚洲、澳洲和美洲。鳄鱼这种动物在八千四百万年前就诞生了！它们有长长的鼻子、短短的腿、长长的身体和强健的尾巴，样子很像短吻鳄。这两种动物的区别在于，鳄鱼的体长可以是短吻鳄的两倍多（鳄鱼的体长可达五六米），并且鳄鱼下颚的构造使得它的嘴即使是闭上的，上牙也会伸出嘴外。鳄鱼有大而尖的牙齿，牙齿会脱落，原来的牙齿老旧以后就会换上新牙。鳄鱼是冷血动物，背部覆盖着角质铠甲，皮肤下面有骨板。鳄鱼喜欢栖身于池塘、沼泽、河流和湖泊中，以水中的动物或来水边饮水的哺乳动物为食，偶尔还会吃人！鳄鱼会产卵，为了安放它的卵还会筑巢。不过，它用泥土和植物残枝垫一层就算筑巢了。跟短吻鳄一样，温度决定了鳄鱼的后代是雌性还是雄性。挪威语里"鳄鱼"一词的意思是河里的蜥蜴。

# 鼠鹿智斗鳄鱼
（马来西亚民间故事）

从前，有一只聪明的小鼠鹿，总是能够逢凶化吉。它住在河边，靠着河边郁郁葱葱的青草和树上甘美多汁的树叶养活自己，日子过得很好。小鼠鹿对自己的吃食很满意，但有一天，它看到河对岸的树绿意盎然，很诱人。它想，是时候尝点新鲜的东西了，但怎么才能过去呢？水里潜藏着好多伺机而动的鳄鱼。至于它们是在打瞌睡还是在寻找食物，那就不好说了，总之想游去对岸，得用生命做赌注。

小鼠鹿马上注意到水里一只巨大的鳄鱼正盯着自己看，于是它礼貌地喊道："鳄鱼先生，你能到这边来吗？"

"你想要我做什么？不怕我吃了你吗？"这个庞然大物说着，张开血盆大口，露出了锋利的牙齿。

"哎呀，亲爱的鳄鱼先生，"小鼠鹿说，"国王要举办一场盛大的聚会，想邀请大家参加——包括你们鳄鱼——所以他请我当使者，前来邀请大家。但首先我得点一下你们的数，才能知道该发几张请帖。你能不能让其他鳄鱼都现身，好让我数清楚？"

听到这里，鳄鱼受宠若惊，高兴得差点跃出水面。"我们要去参加国王的聚会啦！"它满面喜色地宣布道，接着发出命令，"鳄鱼们，快从我排起，一个挨着一个，咱们要点数啦！"大大小小的鳄鱼争先恐后地游过来，很快，一个挨着一个的鳄鱼脊背就连成了一座横贯河面的桥。

"答应我，在我点数的时候，你们可不许吃了我。"小鼠鹿说，"因为那样的话，国王连你们是否答应参加聚会都不可能知道。"鳄鱼们纷纷恭敬地点头，答应了小鼠鹿的要求。小鼠鹿从它们的脊背上跳了过去，而嘴里还在大声而清楚地数着："一，二，三，四……"当它数到"二十二"时，它已经安全地到达了对面的河岸。

"非常感谢你们帮我到达我的新家！"小鼠鹿眉飞色舞地喊道，随即消失在了树林间。从此，它幸福地生活在了那里。

# 蝴蝶

　　蝴蝶几乎遍布世界各地，它们翅膀上的斑纹往往非常漂亮。已知的蝴蝶种类超过十七万种，有数据表明挪威的蝴蝶超过二千二百种。最小的蝴蝶从一侧翅膀尖到另一侧翅膀尖只有两厘米，而最大的蝴蝶翅膀展开可达三十厘米！它们的身体和翅膀都覆盖着微小的鳞片，这些鳞片能创造出虹彩效果。为了从花朵中吸取花蜜，它们有一个管状口器，不吃东西的时候口器是卷起来的。有些蝴蝶有下颚而没有管状口器，它们会咀嚼花粉。比如飞蛾就是这样。蝴蝶小时候是毛毛虫，从卵中孵化而来。蝴蝶幼虫嘴的两侧有腺体，用来吐丝化蛹，幼虫会在蛹里羽化成蝶。

# 寻寻觅觅的蝴蝶

（挪威民间童话）

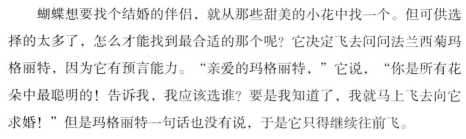

蝴蝶想要找个结婚的伴侣，就从那些甜美的小花中找一个。但可供选择的太多了，怎么才能找到最合适的那个呢？它决定飞去问问法兰西菊玛格丽特，因为它有预言能力。"亲爱的玛格丽特，"它说，"你是所有花朵中最聪明的！告诉我，我应该选谁？要是我知道了，我就马上飞去向它求婚！"但是玛格丽特一句话也没有说，于是它只得继续往前飞。

这时正是早春，到处都开着雪花莲和番红花，但蝴蝶觉得它们太年轻、太天真了。于是它又飞到银莲花那里，但它们的脾气太臭了，紫罗兰又太轻佻（tiāo）了，郁金香太做作了，红口水仙太无趣了，椴树花又太小了。苹果花呢长得像玫瑰，但风一吹就会掉下枝头，那么婚姻维系的时间就无法长久，蝴蝶是这么想的。

春天过去了，夏天也过去了，蝴蝶还是没有找到适合的伴侣。随后，刮风下雨的秋天到了。有一天，蝴蝶飞进一座壁炉里生着火的房子。那里温暖而美好，几乎就像夏天一样。在这里，它可以待上整整一个冬天，然而过了一段时间，蝴蝶又渴望自由了。它飞向窗户，但撞上了窗户玻璃，晕头转向地掉落在窗框上。这天晚上，人们在窗台上找到了它，用一根大头针把它钉在了玻璃画框里。

"现在我也立在茎上，就像花朵一样了！"蝴蝶心想，也许这就是结婚的感觉吧——定在一个地方不能动。"至少最后我还是解决了终身大事。"它安慰自己说。

# 蚂蚁

　　蚂蚁是膜翅目的一种爬行昆虫，和马蜂有亲缘关系，几乎遍布世界各地，除了南极洲。据有关资料显示，蚂蚁多达一万五千种不同种类。大多数的蚂蚁长度不到十毫米，而有些种类可能长四厘米左右。蚂蚁最喜欢在热带的温暖环境中生活，因此挪威只有约五十种蚂蚁。所有蚂蚁的典型特征是，在头部和腹部之间有一节球状的结构，此外头部还有弯曲的触角，这是它们的嗅觉器官。它们发达的上颚既用于攻击，也用于防卫。令人惊讶的是，蚂蚁可以携带重量超过自身体重许多倍的物体，而且可以搬运很远的距离。

　　蚂蚁是非常社会化的昆虫，喜欢在社群中生活。大多数蚂蚁居住在自己的巢穴中，这些巢穴往往藏在地面的蚁丘下，里面有复杂的通道网络。要是你见过住有数百万只蚂蚁的巨大蚁丘，一定会为巢穴的精巧感到震惊！大多数蚂蚁是没有翅膀的雌性，是蚁穴的工蚁或兵蚁，而部分雄蚁则负责为产卵的蚁后提供精子。夏末，我们可以看到飞翔的蚂蚁，这是未来的蚁后们和雄蚁们在成群迁飞。某些蚂蚁种类有一个可以刺进猎物的刺针，有的刺针还能喷出毒液，比如红褐林蚁。

# 蚂蚁的报恩

（中国民间故事）

从前，有一个仁爱慈善的人，姓何。他和妻子、孩子一起住在林边的一座舒适的小房子里。他们家有一个木箱子，里面藏了一瓮银锭，所以他们生活得很好，吃的穿的应有尽有。

一天，何某的妻子发现木箱子有一个洞。一定是有什么东西咬穿了它！更糟糕的是，这些家伙还拿走了银锭！现在银锭只剩下一半了。

原来，是一群蚂蚁来过家里。因为木箱底部有一道清晰的痕迹，沿着房子的地板一直延伸进了森林，直到一个小洞口。

"肯定是蚂蚁把银锭吞了。"妻子说，并建议道，"咱们得抓住它们，把它们都煮了，这样它们吞下的银子就会留在锅里。"何某从来没有想过要伤害任何生命，他觉得这个提议很可怕，不同意让蚂蚁这么死去。

这天晚上，他做了一个梦，梦见一队身穿黑色盔甲的小个子士兵让他登上庄严的马车，要带他去蚁王的王宫！一路上，他们驾车穿过一座美丽的城市，在道路两旁的臣民微笑着向他挥手致意。

蚁王身穿华丽的长袍，头戴王冠，热烈欢迎何某的到来，并对他说："我的臣民从你家的瓮中偷了东西，对此我深感抱歉，实在是因为我们需要这些银子来武装我们的城池，抵御我们的敌人。为了报答你的恩义，我会告诉你一个秘密。在你家院子那棵最高的树底下，很久以前就埋藏了一箱珍宝。你把那箱子挖出来，珍宝就归你所有。"

何某回去后，果真在那棵树的树根下找到了宝藏，就跟蚁王说的一模一样。从此，他和家人一直生活在富足之中。

# 喙(huì)头蜥

　　喙头蜥生活在新西兰，尽管它的名称带有"蜥"字，但它并不是蜥蜴，而是喙头目似蜥蜴的爬行动物。这个目里的大多数都是六千万年前灭绝的史前动物，只有新西兰还现存两种喙头蜥。喙头蜥也叫楔齿蜥，长得有点像蜥蜴，但比普通蜥蜴的个头要大得多。喙头蜥这个名字起源于它头骨下有一个弓形结构，而且上颌突出如鸟喙。喙头蜥身长可达七十五厘米，沿着它的整个背部和尾部有一线棘刺。喙头蜥要长到二十岁才会停止生长，寿命可以长达一百年！喙头蜥生活在地下的穴道中，以甲虫、蝗虫、蜘蛛、小青蛙和鸟蛋为食。喙头蜥需要十到二十年的时间才能性成熟，每四年才产一窝蛋，难怪它们数量稀少了。

　　喙头蜥的头顶上有一个"第三只眼"，但只在刚孵化出来的喙头蜥身上可以见到，随着喙头蜥逐渐长大，这只眼就被皮肤和鳞甲所覆盖。谁也不知道喙头蜥为什么生来就有"第三只眼"，它甚至没法用这只"眼睛"视物。

# 鲨鱼和喙头蜥

（毛利人传说）

很久很久以前，所有的动物都住在天上，那时天空是水做的。有一年夏天，太阳一连照耀了好几个星期，很快天上的水就变得很烫。动物们在天上待不下去了，于是鲨鱼、鳕鱼、鳗鱼、喙头蜥和其他动物集结成群，降到地上寻找更舒适的住地。

喙头蜥和鲨鱼是好朋友，很想彼此做个邻居。鲨鱼提议说，海底是一个好地方，但是喙头蜥想要住在陆地上。到底住哪儿最好，它俩没法统一意见。它们在不断讨论这个问题的同时，鳗鱼游到了海底，鳕鱼溜进了大海，其他动物则在河流、湖泊、森林和山脉中都找好了自己的住处。

最后，鲨鱼没辙了，只好说："你就待在你的陆地上吧，但你会被所有人讨厌的！"这话可惹恼了喙头蜥："哼，我知道自己在那儿会待得好好的。而你的嘴里会扎上一个鱼钩，你会被人类拖上陆地吃掉！"于是它们各自奔向自己选的地方，友谊也到此结束了。据说这可是真事，因为此后再也没人见过鲨鱼和喙头蜥一起聊天了。

21

# 美洲绿鬣(liè)蜥

　　美洲绿鬣蜥，爬行动物，生活在中美洲和南美洲以及斐济和马达加斯加的某些地方。已知的美洲绿鬣蜥有七百五十多个种类。美洲绿鬣蜥有长长的身体、皮革般的鳞甲、短腿，还有又长又硬的尾巴，可以当作武器使用。如果美洲绿鬣蜥从后面受到攻击，也会自断尾巴。美洲绿鬣蜥的皮肤可以有绿色、褐色，甚至带点蓝色，实际上皮肤还可以在某种程度上变色。美洲绿鬣蜥的整个背部都有一线尖刺，颈部下方有一个肉垂。

　　美洲绿鬣蜥身长可达两米，体重可达八千克，寿命可达二十年。它喜欢待在河流和沼泽附近的树上，非常善于游泳。它在水中时，腿会紧紧地贴着身体，用尾巴作推进器。实际上，它可以在水下停留长达三十分钟。美洲绿鬣蜥吃昆虫和植物，它产的蛋有些地方认为是一道美食，售价是鸡蛋的两倍。美洲绿鬣蜥肉还是捕捉鳄鱼时的好诱饵。

# 绿鬣蜥兄弟
(澳大利亚民间故事)

　　绿鬣蜥先生和它的家人住在一棵被称为古拉古的空心大树上。他们在这棵树里收集雨水，所以总有足够的水喝。绿鬣蜥先生和它的两位太太——袋貂太太和笑翠鸟太太——一共生了三个儿子。老大已经搬离了家，但两个异母弟弟还待在它们母亲的背上不能下地呢。

　　一天清早，绿鬣蜥先生和太太们出去寻找食物。尽管孩子们还很小，但它们三个一致认为孩子们能照顾自己直到第二天。它们用雨水灌满了皮口袋，好在打猎路上喝，然后就出发了。匆忙之中，它们忘了把水袋留给孩子们。孩子们太小，还不能直接从树洞里喝水。

　　时间过去了很久，天气慢慢变得非常炎热，两个孩子没有水喝，很快口渴得舌头都肿了起来，后来都没法说话了！

　　第二天早上老大过来看望，发现它的弟弟们在屋外全都干得脱水了。它大惊失色，赶紧把它们抱起来，问父母在哪里，但两个孩子一句话也说不出，只是指着古拉古树，摇了摇头。

　　"什么？！咱们的父母竟然忘了给你们留下水！你们都快渴死了，怎么这么不负责任啊！"它又怒又惊地喊道，然后毫不犹豫地冲到了树那儿，把树砍成两半。水喷涌而出，两个弟弟这才喝上水。

　　这时，绿鬣蜥先生和太太们正带着捕获的猎物走在回家的路上，突然一道洪流向它们涌来，把它们吓了一跳。"哎呀完了！我们的古拉古树一定是裂开了！"它们齐声喊道。水流很快变成了一条大河，瞬间就把它们三个都吞没了，浪花翻卷的水流中，再也找不到它们的身影了。

　　这下好了，两个小兄弟除了老大，还能靠谁照顾呢？如果说有什么是这位大哥永远不会忘记的，那就是在出去打猎前，它得确保弟弟们有足够的水喝。

# 袜带蛇

　　袜带蛇主要生活在北美洲和中美洲，这种蛇大约有三十种不同的已知种类。袜带蛇体形相当小，体长在五十厘米到一百六十五厘米之间，背部有三条纵向长条纹，颜色可以是红色、橙色和黄色，也可以是绿色和蓝色。袜带蛇主要在水域附近生活，牙齿非常锋利，反应速度快，毒性不是特别强。它白天很活跃，吃鱼、青蛙和其他两栖动物。袜带蛇得名于身上的条纹，就像人们过去用来绑在腿上、不让长筒袜掉下去的束带。

# 太阳舞之轮

*（印第安人创世神话）*

从前——那时的时间还不叫"时间"——几乎整个地球都被水覆盖，地球上的人们都住在自己的船上漂来漂去。

"要是我能感受到脚底下有坚实的地面，还有人和动物陪着我，该有多好。"一位老人孤独地坐在他的小船上举目四望，一边憧憬着一边自言自语。过了一会儿，他抓起双桨，一连六天六夜不停地划船。第七天，他喊道： "喂！有谁想和我待在一起吗？"不一会儿，大大小小的动物，包括鸟类和爬行动物，从四面八方出现了。它们爬上了他的船。船继续向前划，很快，他们发现了一座宜居的小岛。后来，这座岛上陆陆续续又来了一批人。他们一起耕种土地，靠大地给的粮食生活得很好。

一天，温和无害的袜带蛇来到老人面前，对他说："我们需要你的帮助，来再现神圣的太阳舞，这个舞蹈能够确保众神对我们的仁爱，这样我们就可以在这片新的土地上和谐友好地生活下去。"

很多生灵愿意出力：一棵树虔诚地弯下腰来，这样老人就可以采下那些又长又韧的枝条，用来绑舞蹈中要用的太阳轮；大雕让老人从东南西北四个方向摘下它的一根羽毛来装饰那个轮子；为了纪念月亮和所有的星星，老人还将蓝色的珍珠系到轮子上；最后他还在轮子的中央画了一条漂亮的袜带蛇以示感谢。

现在，人们经常跳跳太阳舞，因为他们知道自己可以在大地上安然地生活下去。

# 蝎子*

　　蝎子是一种蛛形纲节肢动物，生活在温暖地区，通常是热带。它的身长从一厘米到十三厘米不等，已知的种类有六百多种。它们的身体前宽后窄，尾部最末端是毒针。蝎子有四对带爪子的细腿，头部前面有一对大钳子。蝎子可以用它的尾巴喷射一种神经毒素，这种毒素对动物和人类都是致命的。雌蝎把仔蝎背在背上，直到它们第一次蜕皮。随后它们会跳下背来，逐渐自立。蝎子在夜间最为活跃，在紫外线下它是自发光的。研究人员认为，这种能力有助于蝎子吸引昆虫而获取食物。蝎子还有另一种奇怪的能力：它的外皮非常坚硬，即便你把一只蝎子放进冰柜里冻上一晚，再把它拿出来解冻，它还会活过来！

---

\* 蝎子既不是昆虫，也不是爬行动物，但常和昆虫一起被称为虫子，所以作者也将它收入本书。后文的蜘蛛、蜈蚣、蝉虫也同样如此。

# 蝎 子 与 乌 龟

（印度寓言）

一天深夜，蝎子在回家的路上来到了一条河边。它不会游泳，正在思考如何才能到达对岸时，发现一只乌龟在岸边休息。"能不能请您把我驮过去呢？"它礼貌地问道。

"你以为我傻吗？"乌龟回答道，"你的毒这么厉害，要是你在水里刺我一下，我会淹死的。"

"亲爱的乌龟呀，"蝎子笑着说，"要是我扎了您，被您驮着的我就会沉到水底下，那我也会淹死啊。"

"啊，你说得对呀。那你就到我的背上来吧。夜幕降临之前，我可以最后再游一趟。"乌龟说着，开始游起来。

游到一半，蝎子抬起尾巴，给了乌龟致命一刺，正好刺进了乌龟露出来的脖子那里。乌龟瞬间开始往下沉。它最后叹了一口气，伤心地大喊："你怎么非要刺我啊？"

"因为我是个蝎子啊。"蝎子说完，跟着乌龟一起沉入了水底。

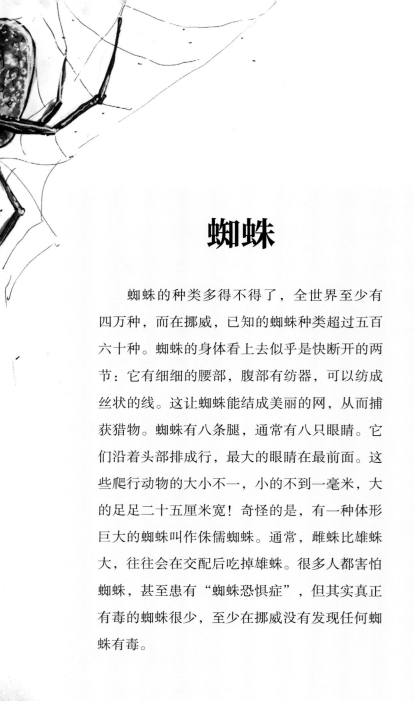

# 蜘蛛

　　蜘蛛的种类多得不得了，全世界至少有四万种，而在挪威，已知的蜘蛛种类超过五百六十种。蜘蛛的身体看上去似乎是快断开的两节：它有细细的腰部，腹部有纺器，可以纺成丝状的线。这让蜘蛛能结成美丽的网，从而捕获猎物。蜘蛛有八条腿，通常有八只眼睛。它们沿着头部排成行，最大的眼睛在最前面。这些爬行动物的大小不一，小的不到一毫米，大的足足二十五厘米宽！奇怪的是，有一种体形巨大的蜘蛛叫作侏儒蜘蛛。通常，雌蛛比雄蛛大，往往会在交配后吃掉雄蛛。很多人都害怕蜘蛛，甚至患有"蜘蛛恐惧症"，但其实真正有毒的蜘蛛很少，至少在挪威没有发现任何蜘蛛有毒。

# 蜘蛛是如何学会织网的
### （西非民间故事）

一天，乌龟和蜘蛛决定合作捕鱼，于是它们坐下来商量合作计划。乌龟建议，它们中的一个承担最繁重的捕鱼工作，另一个则负责织网。"我来织网吧。"蜘蛛说，它一点也不喜欢繁重的工作。乌龟觉得这是个很好的解决方案，于是蜘蛛开始织网。

网一张张织好后，乌龟带着它们游向了出海口。它捕了很多鱼，但因为所有繁重的工作都是它做的，所以它认为捕的鱼应该都归它。

"谢谢你织的这些网。"它对蜘蛛说，"现在你可以好好休息一下，我来洗鱼剖鱼，你肯定累坏了。"

蜘蛛顺从地点了点头，小睡了一会儿，但当它醒来的时候，发现所有鱼都被吃掉了。这时它才明白，自己被耍了。

从此以后，蜘蛛就开始自己织网、自己捕食了。它的网织在灌木丛和树木之中，离乌龟远远的。

# 胡蜂

　　胡蜂生活在世界各地，和熊蜂、蜜蜂一样属于膜翅目。这个科目总共有超过十万种已知种类。胡蜂的身长从十一毫米到十八毫米不等，我们能由它黄黑相间的身体和身体尾端的毒针快速认出它。胡蜂的腹部和胸部是完全分开的，二者由细细的腰部连接在一起。胡蜂有两对窄窄的翅膀，前翅比后翅更大且稍长。胡蜂主要以花蜜为食，但也吃其他甜的东西，如果酱、汽水和腐烂的水果。

　　胡蜂窝也称为蜂巢，是圆形的、小小的、像球一样的"房子"，是胡蜂咀嚼枯枝、叶子而塑成的。胡蜂感觉受到威胁时会变得非常好斗，被胡蜂蜇一下可不是什么好受的事！许多人还会对胡蜂的蜇刺过敏，伤口会肿胀得厉害。

　　胡蜂的寿命为一年，受精的雌蜂除外，它们会在第二年生存下来，将胡蜂群体带向下一代。

# 为什么胡蜂的腰这么细

(美国民间故事)

蚊子和胡蜂本是亲密的好姐妹，一日它们决定一起外出游玩。出发后，俩姐妹心情畅快得很，胡蜂突然想起了一则关于蚊子的笑话，是最近从另一个胡蜂朋友那里听来的，一想到那个好笑的笑话它就忍不住笑个不停。

"我可以和蚊子开开玩笑呀。"胡蜂想。不过，这个笑话可不是什么好笑话，蚊子听到以后很难过。胡蜂见状想忍住笑，但是笑得肚子都痛了也停不下来，只得靠双手叉腰来强忍。它掐腰掐得太狠，最后腰那儿差不多快断成两半了。从那以后，胡蜂再也不敢讲笑话了，因为它害怕笑得太厉害会把自己的腰笑断。

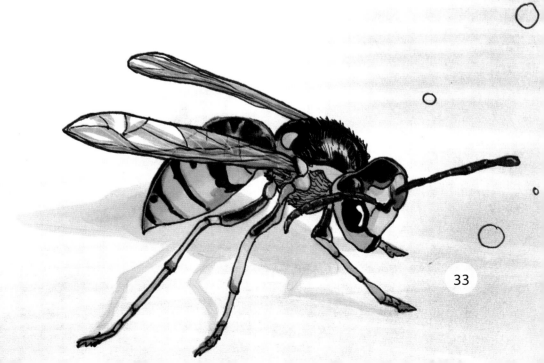

# 科莫多巨蜥

    科莫多巨蜥是现存种类中最大的蜥蜴，经常被称为科莫多龙。它只生活在两个亚洲岛屿上，其中一个就是科莫多岛，它是受保护的物种。科莫多巨蜥可长达三米，体重超过一百六十千克，尾巴和身体一样长。科莫多巨蜥吃鸟、野猪、鹿和其他大型哺乳动物。它是非常棒的猎人，下颌的腺体会产生毒素，当袭击猎物时，会撕咬猎物的皮肤，从而使毒素渗入伤口。然后它就等着猎物倒下来，这样就能将猎物吃掉了。科莫多巨蜥也会攻击并杀死人类，但这种情况并不经常发生。它们要八到九年才能性成熟，可以活三十年。

# 科莫多巨蜥的故事

## （印尼科莫多岛传说）

从前，有一位公主名叫埃帕，和她亲爱的丈夫威克王子一起将要迎来他们的第一个孩子。公主临盆的当天，生下了一对双胞胎！奇怪的是，他们中的一个是人，另一个是巨蜥。小孩被取名为格龙，小巨蜥则被取名为奥拉。

孩子们的父母和天底下所有的父母一样，都非常爱这两个孩子。但随着时间流逝，格龙日渐长大，越来越不像个人类，最后连米饭也不吃了。他开始猎捕村民们家养的牲畜，更喜欢吃这些动物。最后，村民们没有别的法子，只能把格龙赶出村庄，赶进了森林里。但他总是会回来看望他亲爱的孪生兄弟。

因为科莫多岛上的巨蜥和人类把彼此视为同胞兄弟，所以巨蜥经常会来拜访。每年，岛民们都会用特定的仪式来向巨蜥致敬，纪念奥拉和格龙的情谊。

# 蜻蜓

    世界上大部分地区都有蜻蜓，已知的已有五千多个种类，但大多数蜻蜓都生活在热带地区。在挪威，我们有四十七种不同的蜻蜓。蜻蜓有一对由许多小眼组成的大复眼，还有长长的身体和强大的咀嚼式口器。许多蜻蜓身上都带有美丽的红色、绿色和蓝色。蜻蜓有两对等长的翅膀，上面有清晰的翅脉，翅膀展开可达两厘米至十九厘米。蜻蜓最喜欢生活在湿地或靠近水的地方。蜻蜓的交配方式很特别，雄蜻蜓会用身体尾端捏住雌蜻蜓的脖子，而雌蜻蜓会将尾端向前卷曲，使其与雄蜻蜓的身体接触，这让交配中的两只蜻蜓看起来就像一个圈。从卵中孵化出来的蜻蜓幼虫在平静的水域生长。它们要花两至五年的时间才能发育成熟。蜻蜓以前在挪威被叫作刺眼虫，这来源于一种错误的印象，即它们被误认为对人类是有危险的。

# 蜻蜓的来历
## （印第安人传说）

从前，有一座小村庄坐落在高高的山腰上。这里时常为暴风雨所困，庄稼因此一次次被毁。"我们已经挨饿很久了，"一位年老的智者说道，"我得到警示，今晚还会有一场强大的暴风雨袭击我们，我们必须立刻找到一个更加安全的地方居住。"

村民们明白，不得不离开小村庄的时刻到了。他们匆忙收拾好了东西，一同前往更安全的宜居地。但在忙乱之中，众人落（là）下了一对兄妹。

暴风雨过后，发现村子里已空无一人，小妹妹害怕得又哭又闹，怎么哄也哄不好。哥哥便想着如果给她做个娃娃，也许能让她开心点。于是，哥哥收集了一些野草和稻草，找了一小段绳子，扎了一个小娃娃。

"看起来就像一个虫子。"妹妹惊喜地破涕为笑了。但当她轻轻地把娃娃放在手里时，娃娃突然开口说道："我是有灵魂的，专门传递神灵的警示。现在我会照顾你们两个，让你们按照神灵的旨意生活。"

于是，兄妹俩就这样留在村子里继续生活，直到春天到来。有一天，小女孩发了高烧，这草娃娃便飞走了——是的，这娃娃还会飞——去寻求神灵的帮助。不久，它又带着食物和祝福回来了。它告诉兄妹俩，他们的父母很快就会回来，这里的土地也将重新变得肥沃。

没过几天，孩子们就和父母团聚了，他们一起又过上了安全的生活。

"现在你们不需要我了，我觉得又孤单又无助。"草娃娃对着哥哥倾诉道，"不过看到你们过得很好，我也很高兴。"男孩非常感激它的帮助，于是又做了一个新的娃娃。"看！现在你有伴啦！"话音刚落，两个草娃娃在空中突然嗖嗖地飞了起来。

男孩把它们叫作蜻蜓——于是，蜻蜓每年春天都会回来，为田野和草地带来生机，并为夏天带去祝福。

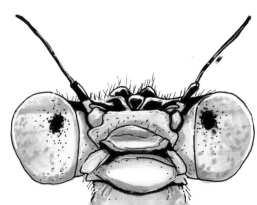

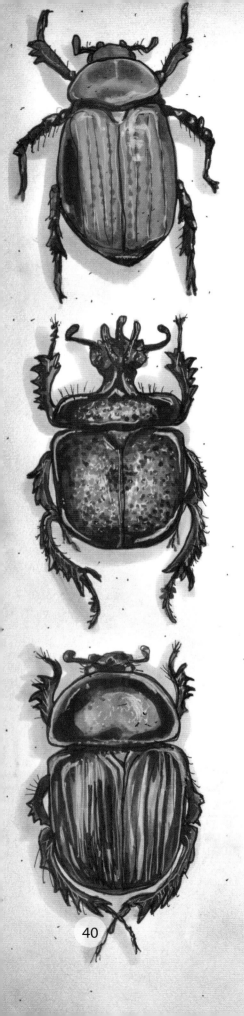

# 粪金龟

　　粪金龟是金龟子科中的一类甲虫，全世界已知种类约有三百种，但在挪威只有三种。在挪威的童话和童谣里，粪金龟的身影经常出现，因此孩子们很喜欢它。粪金龟的身体圆圆的，挪威的这几种粪金龟都是蓝黑色的。其他地方的粪金龟有美丽的绿色、深紫色或略带褐色。粪金龟身长为三毫米至一百五十毫米，大多数种类的体形都很强壮而略显笨拙。所有粪金龟的共同点是，头部前方的触角具有可以展开的伸展性关节，以及可以向头部两侧张开的强大下颌。有些在额头上还有像小角一样的东西。大多数粪金龟的前腿都是铲形的，专门用来挖掘。粪金龟会在土壤中挖掘长长的穴道，通常是在动物的粪便下挖洞，那儿也是它们产卵的地方。然后它们又会用粪便填充那些穴道。绝大多数的粪金龟要么以植物为食，比如吸食花蜜，要么以粪便为食。

# 雕与粪金龟

*（改编自《伊索寓言》）*

　　一只大雕闪电般从天上迅速而无声地俯冲下来，追捕它的猎物。野兔吓坏了，拼了命地在旷野中奔逃，好不容易才躲开大雕的利爪。吓得瘫在地上的野兔，绝望地环顾四周，有没有谁能来帮它呢？野兔发现了一只小甲虫——一只粪金龟，便低声对它说："求你帮帮我吧！大雕在追我。"好心的粪金龟立刻表示，愿意尽它所能帮助兔子。

　　大雕再次俯冲下来，直直对着它们两个。粪金龟站起身来大喊："请放过无辜的野兔！"大雕冷哼一声，根本没把小小的粪金龟放在眼里，抬爪就抓起野兔，一口吞了下去——当着不知所措的粪金龟的面。

　　粪金龟从来没有忘记，自己答应过野兔要帮助它。就我们所知，从那以后，它一直试图爬进大雕的窝，把雕的卵一一推出巢外摔个稀碎。所以在粪金龟出没的地方，雕就不会产卵。

　　千万记住，不要瞧不起小人物，再渺小的人也有能力产生影响。

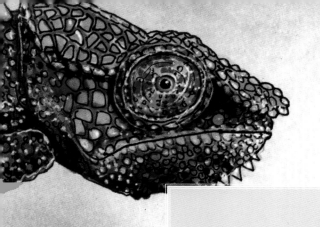

# 变色龙

　　也许你已经知道，变色龙可以根据它的周围环境而改变自身颜色。在绿叶中它会变绿，在地面时它会变成褐色，等等。不仅如此，它的颜色也会随着它的情绪而发生改变。一些种类的变色龙甚至还会在人眼无法察觉的紫外线下，显示某种花纹！变色龙的两只眼睛可以各自独立地转动。因此，变色龙很容易发现危险。变色龙是蜥蜴的一种，皮肤上有鳞甲，脚趾很特殊，分别是三个、两个地合并为一组，这样它就可以很容易地抓住树枝和猎物。变色龙行动迟缓，从来不会四条腿同时撒开它攀缘的对象。变色龙吃昆虫、小型鸟类、小蜥蜴，偶尔也吃水果。它的尾巴通常很长，可以将自己的身体固定在树木和灌木丛上，那是大多数变色龙栖息的地方。变色龙使用舌头的方式就像美洲绿鬣蜥一样：把舌头吐出来，直到舌头和身体一样长，然后用稍微厚一点的舌尖紧紧地吸住猎物。它吐舌头的速度可以达到每小时二十千米！世界上已知的变色龙种类大约有八十五种。它们的体长从三厘米至七十厘米不等，通常生活在欧洲、亚洲和非洲的热带气候地区。

# 蜘蛛和变色龙

## （加纳民间故事）

从前在加纳有一只名叫阿南西的蜘蛛，它很有钱——但很狡诈，忌妒心很强。阿南西有一个大农场和许多粮田，但有一年发生了旱灾，庄稼几乎颗粒无收。农场附近住着变色龙先生和它的家人。变色龙先生很穷，为了能让老婆孩子穿衣吃饭，不得不努力工作，但它把自己的那小一片地打理得很好，那儿的庄稼金光闪闪，只待收割。看到那些成熟的庄稼，阿南西就非常忌妒，试图说服变色龙先生将田地卖给它。

变色龙先生拒绝了，但阿南西对它威逼利诱。最后，变色龙先生实在受不了了，决定给这只蜘蛛一点教训。于是，当天晚上它在地下挖了一个深深的洞，并用树叶盖上，只留下了一个小小的洞口。这个口子隐藏得很好，谁也看不见。然后它埋伏在那儿，很快洞里就飞满了闪亮的蓝绿色苍蝇，它让老婆把这些苍蝇的翅膀织成布，缝了一件长袍。然后它骄傲地穿上这件长袍，到村里去炫耀。不出所料，阿南西又忌妒上了这件华丽的长袍，想用一笔可观的钱财诱惑变色龙先生把长袍卖给它。

变色龙先生可不糊涂，一开始假装不肯卖，最后还是同意了，但提出了一个条件，如果阿南西愿意把变色龙家的洞填满粮食，让它家有足够的食物过冬，阿南西就可以拿走长袍。这很简单嘛，阿南西想着心下暗喜，觉得儿子们就能把这活儿干了。

阿南西的儿子们不断地往洞里填粮食的时候，变色龙先生就通过那个秘密的洞口把粮食偷偷运出来。几个星期过去了，洞总是填不满，最后阿南西的儿子们不得不去找父亲，告诉它存的粮食就快用完了。村里的村民们都聚到那个洞周围，当它们发现了这个洞的奥秘时，哄堂大笑。这只狡诈的蜘蛛终于也有被骗的时候！

阿南西觉得太丢脸了，赶紧跑开躲起来了。这就是为什么你只能在黑暗的角落里发现蜘蛛，因为它们仍然在为自己被愚弄而感到丢脸。

43

# 萤火虫

　　萤火虫其实是一种带翅膀的甲虫，身长约二十五毫米，全世界约有两千个已知种类，其中大多数分布在南美洲。在挪威也有一种，当地人又称为仲夏节虫。萤火虫是一种夜间活动的昆虫，在多种不同类型的自然环境中都能看到，如草地和森林边缘，或花园和公园中。萤火虫也可以在很高的山上出现，但在林线以上就看不到了。萤火虫会发出一种冷光，光波里没有红外线或紫外线。这种光可以是黄色、绿色或粉红色，是一种化学发光，来自它腹部的最下端。

# 火之考验
## （日本民间故事）

　　这是一个黑暗而又寒冷的满月之夜，星星在夜空中闪闪发光。一座小木屋里，坐着一位老诗人，他正在油灯的光下书写。他注意到一群小飞虫被火焰吸引，飞进火里烧死了。诗人一边把死去的小虫拂到手上，一边又挥着手让其他虫子远离火焰。可那些小虫依然不屈不挠地继续嗡嗡扑向火焰。他叹了一口气，对那些虫子说："你们为什么要自寻死路呢，难道还没发现火焰对你们来说是危险的？"一只小虫给了他一个未曾预料的答案：

　　"很久以前，举办过第一次火之考验，只是你们人类都不记得了。那时，有一位美丽的女王住在水坝边的玫瑰宫殿中。宫殿的倒影落在水面上，就和女王一样美丽。

　　"想和女王结婚的虫子从来不缺，但她不知该选谁，所以谁也没答应。后来有一天，她走出宫殿对求婚者说：'谁能给我带来火光，谁就能得到我的心。'于是，尝试为女王取来火光的虫子络绎不绝。但所有试过的虫子，翅膀都被火焰烧焦了，最后只能躺在那里可怜地死去。"

　　当得知最终赢得女王之心的是萤火虫，因为萤火虫把火放到自己的身体里带了回来时，这位老诗人不禁叹了口气。

　　其他的昆虫真是可怜，从未放弃赢得女王的心，不断投入火焰之中。诗人吹灭了他的灯，叹道："好吧，那我还是坐在黑暗中吧——这也是我唯一可以为你们做的事情了。"

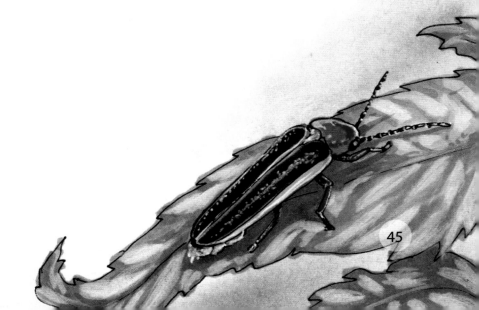

# 巴西钻石象鼻虫

　　象鼻虫是一种以植物为生的甲虫，全世界有超过四万种已知的象鼻虫种类。在挪威有三百七十个已知种类，与树皮甲虫有亲缘关系。巴西有一种象鼻虫，身长约为二十二毫米至二十五毫米，甲壳上的反光呈彩虹绿色。鳞甲下面有翅膀。在它的头部，吻部向前突出，最前端有咀嚼式口器。这种甲虫的鳞片发出的虹彩绿色不是由色素形成的，而是操纵太阳光形成的。它的每一个鳞片由二百个多可以向四面八方折射光的钻石晶体组成。这就是无论光线从哪个角度落在鳞片上面，鳞片都闪闪发光的原因。研究人员正试图在实验室中重现这一光学现象。物理学家们仔细研究了这种甲虫的鳞片，他们相信可以利用这个属性为未来的快速光学计算机的设计建立基础。

# 巴西钻石象鼻虫的颜色
# 是怎么来的
### (巴西民间故事)

　　很久很久以前，世界上所有的甲虫都穿着褐色的衣服。它们是如此相似，如果不是因为它们大小不同，人们几乎无法分辨出它们。一天，一只褐色的小甲虫沿着一堵墙爬了下来。与此同时，一只巨大的灰鼠从洞里伸出鼻子。"哈！你爬得这么慢呀，看看我跑得多快！"灰鼠自吹自擂，一下跑到了墙的另一端，然后又用最快的速度跑了回来。

　　"难道你不希望和我跑得一样快吗？"灰鼠厚颜无耻地问。

　　"我也想啊。"甲虫礼貌地回答，继续慢慢地沿着墙往下爬。

　　附近的一棵树上停着一只金绿色的鹦鹉，无意中听到了它们的对话。于是它飞下来对它俩说："我建议你们比比看，谁赢了，谁就会得到我的邻居织布鸟缝制的一套崭新的衣服，什么颜色都可以。"灰鼠大声宣布它想要虎皮纹的，而甲虫则谦和地小声说，它想要鹦鹉那样闪亮的颜色。

　　两位竞争对手各就各位。鹦鹉在它们头上扑扇着翅膀，高声发出号令："一，二，三，跑！"灰鼠马上冲了出去，但很快就放慢了速度。它心想取胜太简单了，根本没必要累死累活嘛——无论如何，甲虫也不可能赢过自己的。它洋洋得意地慢悠悠地过了终点线，但令它大吃一惊的是，甲虫已经等在那里了。

　　"你是怎么先到这儿的啊？"灰鼠很不服气地哼了一声。

　　"我用飞的啊！"甲虫笑着回答，"你忙着取笑我，都没发现我的后背壳下面有翅膀。"就这样，甲虫赢得了那身美丽的绿衣服，而灰鼠直到今天还是一身灰灰的。

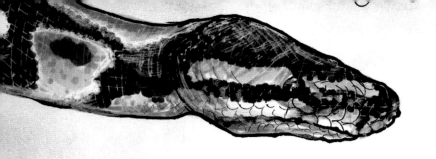

# 蟒蛇

  蟒蛇是蚺（rán）科蛇类中的一种大型蛇，它们生活在亚洲、非洲和澳大利亚。已知的蟒蛇种类约有三十三种。它们躯体很长，肌肉发达。网纹蟒是世界上最长的蛇，有人曾发现一条网纹蟒长达整整十四米！

  蟒蛇的头部和躯体界线分明，躯体被小鳞片覆盖。它的尾巴很短，某些种类的蟒有能盘卷住东西的尾巴。蟒蛇的嘴唇上有一种能探测热量的传感器。蟒蛇无毒，使用缠绕的方法来使猎物窒息。它们有灵活的下颚，可以张开到吞下整只动物的程度，甚至是整头山羊或奶牛！蟒蛇每年只需要进食四到六次。与大多数蛇不同的是，蟒蛇有护卵习性。雌蟒用身体盘绕成塔状，伏在卵堆上，守护着它的卵，防止被别的动物吃掉。

# 蜘蛛阿南西捉住了
# 蟒蛇奥尼尼
## *（非洲民间故事）*

　　一天，蜘蛛阿南西决定试一下捉住大蟒蛇奥尼尼。奥尼尼是一条又大又强壮的蛇，所以这是一项艰巨的任务。阿南西征求了妻子和女儿的意见，它们为它想出了一条妙计。

　　"你带着棕榈树上摘的一根树枝和一米长的绳子到河边去。"妻子说，阿南西照做了。它们三个出现在了河边，站在那里争论棕榈枝比蟒蛇奥尼尼长还是短时，奥尼尼爬了过来。

　　"这根树枝比奥尼尼长多啦，它才没有这么长呢！"它们之间大声地争吵着。

　　奥尼尼很好奇，又略有点恼火，就朝它们三个爬过去。当它看到树枝时，不由哼了一声。"我才是长的那个呢，你们看！"说着，它缠上了树枝，直到从头到尾都缠了上去。阿南西立刻扑过去，把它牢牢地绑起来，于是蜘蛛成功地捉住了蟒蛇。

# 蜣(qiāng)螂

　　蜣螂（俗称屎壳郎）也属于金龟子科，因此和粪金龟有亲缘关系。蜣螂体长只有二毫米至十五毫米。在挪威有二十五种已知的种类，但全世界已发现超过三千个不同种类。蜣螂的身材又短又小，有强而有力的挖掘足，触角前端的末节呈长梳齿状。蜣螂的颜色是黑色或褐色的。它的幼虫在粪便中发育长大，长得又白又胖。蜣螂有许多种类都是所谓的"滚粪郎"，意思是它们会把粪便制成球状滚走，藏进洞中以供日后食用。据我们所知，蜣螂也是除了人类之外唯一会利用银河星光来导航的家伙！

# 蚂蚁与屎壳郎
（改编自《伊索寓言》）

夏天，烈日炎炎。小蚂蚁顶着酷暑，在田间和它的冬季粮仓之间来回穿梭，背上背着小麦和燕麦。它一整个夏天都在劳作。而屎壳郎却在那儿躺着晒太阳，还嘲笑不愿停下来休息的蚂蚁。

"现在这么热，大家都在避暑，你干吗还这么辛苦地干活啊？"屎壳郎悠闲地倚着一块美味新鲜的牛粪团问。可是蚂蚁什么话也没说，继续干着它的活儿。冬天来了，霜冻把粪便冻硬了，屎壳郎吃不了了。饥肠辘辘的屎壳郎爬到蚁穴，低声下气地乞求蚂蚁给它点吃的。蚂蚁这时说话了："亲爱的屎壳郎啊，你要是整个夏天都在存吃的，而不是无所事事，那么现在你就有足够的吃食了！"从那以后，为了能有吃的过冬，屎壳郎整个夏天都会不断地收集圆圆的粪球。

# 蟋蟀

　　蟋蟀与蝗虫有亲缘关系。大多数种类的蟋蟀分布在热带地区，但全世界都有蟋蟀的身影。已发现的种类总共约有两千五百种，但在挪威只有一种，被称为家蟋蟀。这些小昆虫身长在五毫米至五十毫米之间，呈黑褐色，有强壮的后腿、长长的尾须，小腿上还有尖刺。个别种类还有翅膀，不飞行时紧贴着腹部。蟋蟀主要以植物根茎为食，最喜欢在开阔的空间或草地上生活。蟋蟀在潮湿的土壤或植物组织中产卵，新孵化的幼虫要经过不同的若虫阶段才能变为成虫。蟋蟀在一些国家是一种食材，并被认为是一种美味。

# 为什么蟋蟀是深色的

## （北美印第安人传说）

蟋蟀和蚊子是一对好朋友，它们两个经常在一块玩。它们一直有个计划，就是一起做一顿盛宴。但这个计划持续了好长时间，一直没有实现。一日，蟋蟀让蚊子去抓一条鳗鱼回来，好让它们烤着在宴会上吃。蚊子飞走了，一整天都不在。它回来以后，蟋蟀问它情况怎么样。蚊子回答说："哎哟，我抓到了一条和我的腿一样大的鳗鱼呢！"蟋蟀觉得这也太好笑了，因为蚊子长得那么小。蟋蟀笑得不行，掉入了它们准备烤鳗鱼的篝火中。火焰一下把它烧成了黑色，从此蟋蟀就成深色的了。

# 瓢虫

　　瓢虫是一种出了名的可爱甲虫，世界上许多地方都可以见到。事实上，已发现的种类多达五千种。瓢虫身长大多三毫米至十一毫米，半球形，腹面扁平，甲壳上有浅色或深色的斑点，最有名的一种是红色甲壳上带着黑色斑点的瓢虫。瓢虫最喜欢的食物是蚜虫。瓢虫自卫时，会从大腿和小腿之间的关节处挤出黄色的、带腐蚀性的液滴，但这对人类是无害的。某些种类的瓢虫被引入不同的国家，用来对付那里伤害农作物的昆虫。

# 瓢虫为什么被称为 "马利亚的甲虫"

## （欧洲传说）

　　几百年前，也就是我们称之为中世纪的时候，欧洲出现了粮食短缺的大饥荒。因为，只要长着谷物、水果和蔬菜的地方，都遭遇了巨大的虫害。可怜的农民拼尽全力对抗这些虫子，但虫子们还是毁坏了庄稼，把它们遇到的一切都吃了。最后，人们没有别的法子了，只能向马利亚祈祷求助。马利亚一定是听到了这些祈祷，因为不久之后，就出现了一些带有黑点的红色小甲虫。这些小甲虫是很好的猎手，它们杀死了所有的虫子，从而把欧洲人从饥饿中解救了出来。从那以后，人们就把这些红色甲虫称为"马利亚的甲虫"。

# 苍蝇

　　苍蝇生活在世界各地，实际上已知的苍蝇种类有十万八千种！苍蝇身长一毫米至六十毫米不等，通常带有金属色，身体分为三个部分，头部、胸部和腹部。苍蝇有复眼，头部中间的前方有一对触角，它还有两只翅膀。苍蝇腿的末端是钩爪，钩爪的末端是一些小的爪垫，有一定的黏附力，因此它们可以停在几乎任何表面上。苍蝇全身遍布味觉细胞，但只能区分甜味和苦味。为了产卵，苍蝇往往是寻到死尸的第一批虫子，因此苍蝇可以帮助破案。而且，因为苍蝇的幼虫在变成苍蝇之前需要一定的时间来发育，还要经历多次蜕皮，因此通过了解幼虫处于哪个阶段，警察可以估计出死者的死亡时间。这门科学是一门完全独立的学科，叫作犯罪昆虫学。

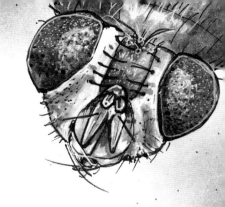

# 苍蝇与蜘蛛

（菲律宾民间故事）

　　蜘蛛先生狂热地爱上了苍蝇小姐，整天缠着它。

　　"我对你的爱比天更高！"蜘蛛先生热情地宣称，"做我的妻子吧！"但是苍蝇小姐对这只缠人的蜘蛛非常厌烦，一次又一次地拒绝了它。

　　一天早上，它看到蜘蛛先生正在来它家的路上，于是急忙关上了所有的门窗，并烧上一壶水。蜘蛛先生刚来到它的窗下，准备向它宣示自己永恒的爱情时，苍蝇小姐就打开窗户，把热水倒在了它的身上。蜘蛛先生当然怒气冲天，高喊："我永远不会原谅你的！从今天起，我和我的整个家族都会恨你，永远不会让你有半分安生！"

　　从此，蜘蛛总是试图抓住撞到它网上的苍蝇，从不肯让它们逃脱。

# 步甲

  步甲往往不会飞,正如它的名字,只能步行。这类昆虫的不同种类之间外形差异很大,身长在一毫米至八十毫米之间。所有的步甲都是深色的,许多带有金属光泽的绿色、蓝色或深红色。步甲有许多种类,有的被叫作毛虫猎人,有的被叫作花园步甲,有的被叫作皮革步甲,有一种体形很大的被叫作幽灵步甲,是一种生活在印度尼西亚的昆虫,喜欢藏在某些树木的树皮下面。从极地到赤道,全世界范围内已发现的步甲种类有两万五千种,在挪威已知的有二百七十种。在挪威,步甲主要生活在石块下、洞穴里和地下穴道中,而在更温暖的地方,步甲则生活在地面和树上。步甲吃昆虫、蝴蝶幼虫和农作物,许多种类在受到攻击时会分泌一种具有腐蚀性的液体用于防御。有一类特殊的步甲叫作食蜗步甲,是从蜗牛壳里钩出蜗牛肉来吃的行家。这种步甲有尖尖的头部和狭窄的胸部,非常利于捕食蜗牛。

# 步甲祈雨

（印第安人传说）

　　步甲住的地方一直都很热，几乎从未下过雨。有一年夏天，一粒雨滴都没落下过。靠喝雨水为生的步甲，这下都快渴死了。于是，步甲的首领聚集了所有的子民，对它们说："让我们跳一场祈雨舞，呼唤雨的到来吧！"

　　第二天，步甲们一大清早就起来了。它们尽力把自己打扮一番，并将它们的甲壳涂成黑色，以诱来降雨云。大大小小的步甲，不分老幼，都排成行，一边跳着舞，一边唱道："伊啊哈，伊啊哈，雨啊，雨啊，快来吧！"它们跳了一整天，但太阳还是在万里无云的天空中炙烤着大地。最后，夜幕逐渐降临，它们看到远处有一些乌云正在聚集，很快那些乌云就飘了过来。黑暗来临的那一刻，雨水从天而降。步甲们得救了！它们满怀喜悦和感激之情跳了最后一支舞，感谢它们的祈求已上达天听。

　　直到今天，步甲一直都是诱来降雨云时的颜色——黑色。

# 陆龟

　　陆龟是一种原始爬行动物，属脊椎动物，主要生活在热带地区，但也有许多人在气候凉爽的地方把陆龟当作宠物养。陆龟是变温动物，体温会根据周围的温度而变化。它们不能待在太冷的地方。给陆龟足够的空间来东奔西跑是很重要的，据说它们需要的空间应该是龟壳大小的十倍。已知的陆龟种类约有五十种。所有陆龟都有一个高高拱起的圆形背壳，它们可以将头部和腿部收到那下面。它们的皮肤由定期脱落更新的角质鳞片组成。陆龟的移动速度非常缓慢，腿也长得很笨重，脚趾无蹼。陆龟吃植物、昆虫和蜗牛。雌龟在沙地中产卵，最多能产三十枚，卵靠太阳的热量孵化出来。

# 龟兔赛跑

*（改编自《伊索寓言》）*

　　从前有一只野兔，它为自己跑得飞快而感到非常自豪。它到处吹嘘说，没有谁能跑得像它一样快。它见着乌龟的时候，夸耀得尤其厉害，因为乌龟的行动速度非常缓慢。每当乌龟慢慢地爬动时，野兔就会两脚一蹬冲过去，然后站在一旁嘲笑它。渐渐地，这只可怜的乌龟对野兔的嘲笑感到相当厌烦。

　　一天，野兔蹦蹦跳跳地跑到乌龟身边，问它要不要来场跑步比赛。乌龟拒绝参赛，全身龟缩在龟壳里，但其他动物都为这个提议兴奋得大叫大嚷。最后乌龟只好同意了。

　　比赛一开始，野兔就像一阵风冲出了起点线，而乌龟则以一贯的速度，慢慢悠悠地向前走。野兔觉得自己肯定能够夺冠，于是不一会儿就放慢了速度，甚至想干脆找个树荫躺着小憩一下，反正不到深夜，乌龟是不可能到达终点的。它想到这里就笑了，果真悠闲地躺到一棵树下，没多久就睡着了。野兔正睡得香时，乌龟一直稳稳地朝着目标前进，当它终于走到终点线时，野兔一个激灵醒了过来。然而，即使它此刻全力以赴冲刺，第一个到达终点的也还是乌龟。现在，轮到野兔被所有动物嘲笑了。

# 跳蚤

　　跳蚤是一种寄生虫，这种昆虫生活在鸟类和哺乳动物身上。全世界已知约有两千种不同种类的跳蚤。跳蚤身长一毫米至八毫米之间，身体两侧扁平。跳蚤身上有细毛或者说小刺，可以帮助它钩挂在宿主的头发、皮毛或羽毛上，不易滑下来。绝大多数跳蚤都是瞎子，尽管它们头部的一侧有所谓的单眼。跳蚤可以存活一年半，并能将细菌和病毒从一个宿主转移到另一个宿主的身上。曾经，因为跳蚤从感染了黑死病的老鼠身上跳到了人类身上，而让挪威爆发了黑死病。

　　跳蚤以吸血为生，它们依靠吸血才能产卵。产下的卵两天之后会孵化成幼虫，然后才变成跳蚤。

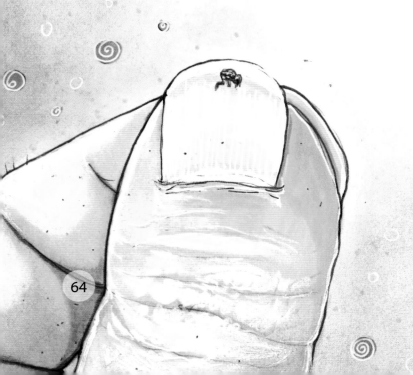

# 跳蚤、虱子和臭虫

*（朝鲜民间故事）*

臭虫要过生日了，它想和最好的朋友——跳蚤和虱子——一起庆祝。跳蚤和虱子都很高兴受到了邀请，决定一起去参加臭虫的生日聚会。

虱子是爬着去的，而跳蚤是跳着去的。没过多久，跳蚤就远远领先于虱子了——这都怪虱子的腿实在太短了。跳蚤试图放慢速度等它，但很快失去了耐心。于是，跳蚤就独自先到了。

在臭虫家的客厅里，臭虫已经摆上了供给客人的所有美食——美味的食物和好喝的饮料。跳蚤走了这一路，口渴极了，所以臭虫先给了它一杯葡萄酒。当跳蚤品尝葡萄酒的时候，虱子终于到了，臭虫赶紧出去迎接。"虱子是走过来的，这么远的路肯定累坏了。"臭虫心想。

跳蚤觉得这酒非常好喝，不知不觉就把酒瓶子里的酒全喝光了。等到另外两个朋友终于进了门，它醉醺醺地迎出去，一脸酒气，头晕目眩。虱子对这位朋友的行为感到非常恼怒，气得扇了跳蚤一巴掌。跳蚤勃然大怒，跳起来咬了虱子的屁股一口。很快，它俩打得不可开交，蛋糕、茶碟和酒杯飞来飞去。我们可怜的寿星——臭虫跑过来，想把它俩分开，但是它俩纠缠得太紧，一起摔到了臭虫身上，一下子把寿星压得扁扁的。

直到今天，臭虫还是扁扁的，而跳蚤的头还是红红的，至于虱子，在被跳蚤咬伤的屁股上一直有个红印子。

# 极北蝰

　　极北蝰是世界上温带、寒带都有分布的毒蛇，已经发现的共有两百种，主要生活在欧洲和亚洲的大部分地区，北极圈以北很远的地方也有。极北蝰全身灰色或褐色，背部带有锯齿形的图案，身长可达七十厘米。它的上颚有毒牙，吃小型啮齿动物、青蛙、蟾蜍和蜥蜴，是北欧唯一的有毒蛇，而且在整个斯堪的纳维亚半岛受到保护。

　　这种蛇三岁至五岁以后就可以交配了。为了争夺与雌蛇交配的权利，雄蛇之间进行长时间打斗是很常见的。雌蛇每次约产二十条幼蛇（每两年产一次），幼蛇长约十五厘米。

　　如果你被极北蝰咬伤，你可能不会出现任何症状。但这并不表明你对它的毒素免疫，而是因为极北蝰可以决定是否要注射毒素给你！大约百分之三十的咬伤是不含毒素的。

# 农夫和蝰蛇

(*改编自《伊索寓言》*)

　　一个寒冷的冬日，一个农夫在地里发现了一条蝰蛇。它冻得就跟一根棍子一样僵硬。农夫是一个好人，无论人畜都不愿意伤害。他为蝰蛇感到难过，就把它捡起来放进自己的衬衫下面，这样它就可以获得温暖。

　　蝰蛇刚恢复了一点力气，就狠狠地咬了农夫的胸部一口，那时蝰蛇身上还没有彻底热乎起来呢。农夫痛苦地号叫着，懊悔不已："都是我自己的错！谁叫我对蛇也有同情心呢。"

　　善良并不总是应该施予那些天生的坏人。

# 蚜虫

蚜虫是一种几乎遍布世界各地的小虫。绝大多数的蚜虫喜欢生活在温暖的地方，现已有记录的种类共有四千多种。仅在挪威已知的就有三百种。蚜虫能长到约两毫米长，颜色有绿色、黑色、褐色或红色，有三对腿，喜欢生活在草本植物、落叶乔木和灌木上。蚜虫以吸食植物汁液为生。有些蚜虫长有翅膀，即便它们不能飞，也可以被风带出去很远。

蚜虫在同一年内会以"无性世代"和"有性世代"交替发育。通常，它们在温暖的夏季是无性繁殖的，那时它们都是雌虫，要么有翅膀，要么没翅膀，不用与雄虫交配就能生育幼虫，这被称为孤雌生殖。

蚜虫最大的天敌是瓢虫，因为瓢虫最喜欢吃它们的肉。然而同样取食于蚜虫的蚂蚁，却可以和蚜虫一起生活在植物茎上，两者不仅相处融洽，蚂蚁还会为蚜虫提供保护。因为大多数种类的蚜虫都会分泌一种含有糖分的蜜露，这是蚂蚁特别喜欢的一种甜食，它们会把蚜虫当"奶牛"来保护。

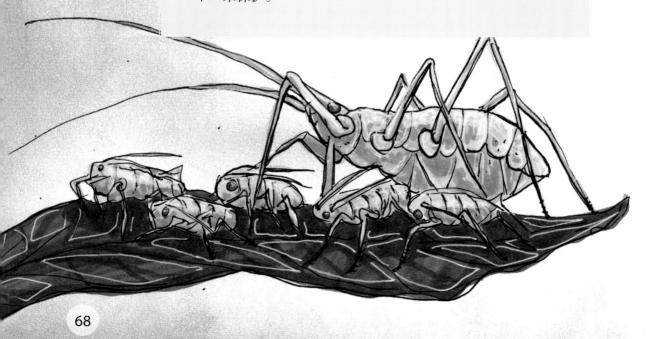

# 绿色的小家伙

（改编自《安徒生童话》）

　　窗台上的花盆里曾有一株美丽的玫瑰。一直以来，它都生长得娇嫩鲜艳，但现在它生病了，叶子也耷拉了下来。因为，它身上来了一批穿着绿色制服的小家伙，不分昼夜地吞食它的汁液。有人建议我用肥皂水把这些不速之客冲走，但我刚要把肥皂水倒到花枝上时，这伙食客中的一位对我说话了。

　　它说它的岁数不过才三天，可已经是爷爷辈了。接着它又说："我们是世上生物中非常奇特的一族。在温暖的季节里，天气好的时候，我们生下活生生的小孩；但天气一冷，我们就产卵。蚂蚁把我们当成'奶牛'饲养——它们把我们关起来，定时给我们挤奶。而你们人类却因为我们吃玫瑰的汁液而要对付我们，还给我们冠以可恶的'寄生虫'之类的名字。我就是在这玫瑰花瓣上出生的，我们整个家族都住在那儿，但不断有人试图用肥皂水将我们从家园里冲走。你想啊，一个生来经不得洗涤的身体却要被如此对待，这是多么残忍的事啊！我们生在玫瑰花上，长在玫瑰花上，死也要死在玫瑰花上。我们的一生就是一首诗！为什么你们要把那么令人作呕的名字加到我们身上，我实在搞不懂。"

　　而我作为人，站在那里，望着那株玫瑰，望着那些绿色的小东西。原本打算用来冲走它们的肥皂水，被我放到了一旁，我大可以用这肥皂水来吹泡泡。

　　你知道这些居民都是谁吗？虽然它们不喜欢我们给取的名字，但我们称它们为蚜虫。从现在开始，就让我叫它们"绿色的小家伙"吧！

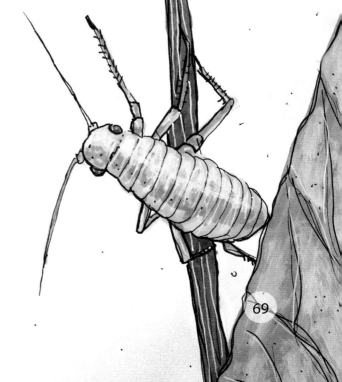

# 蚺蛇

  蚺蛇，挪威人也称为勒蛇，分布于温暖的地区，如美洲、非洲、亚洲，以及欧洲的一些地方。它们没有毒腺，通过缠绕窒息的方法来杀死猎物——一如其名。它们主要吃鸟类和较小的哺乳动物，它们吃的体形最大的动物，跟一头狍子差不多。蚺蛇需要花很多天来消化猎物，因为它们是囫囵吞下食物的。蚺蛇可能会对人类造成危险。

  已知的蚺蛇种类有四十三个。这些大型巨蛇能长到两米至四米长，而已灭绝的泰坦巨蟒长达十三米！这些大蛇主要生活在温暖地区，但橡皮蚺则生活在针叶林和高山上。蚺蛇生下的通常是小蚺。某些种类生活在地面上，而其他种类则盘桓在树上。沙蟒就能在干旱的沙漠和少雨的草原地下生活。

# 蚺蛇的故事

*（非洲民间故事）*

　　从前，在非洲有一位猎人，他老得不能再进森林打猎了，无论是鹿还是豹都捕不了了。然而不幸的是，打猎是他这辈子唯一在意的事情，所以他去找巫师，希望他能帮帮自己。

　　巫师给了猎人两罐魔法灵药。早上，猎人只要把头浸入第一个罐子里，就会变成一条危险的巨蟒，想捕猎多少就能捕猎多少。到了晚上，他只要把头浸入另一个罐子里，就能变回原来的他。

　　猎人没有把变身的事告诉任何人，他一直都很小心，不让任何人发现这个秘密。结果有一天他疏忽大意，让一个儿子发现了他的秘密。这个儿子亲眼看见父亲变成了一条蛇，吓坏了，等到房间无人的时候，他悄悄踢翻了两个罐子，所有的魔法灵药都流到了地上。

　　那天晚上，父亲回家时还披着那身蛇皮，却发现两个罐子都空了，再也没有机会变回人了。他绝望地在自家附近爬来爬去，希望哪怕能找到一滴灵药，好让他变回原来的样子。他找啊找啊，但一无所获。最后他消失在了森林里，他的家人再也没有见过他。

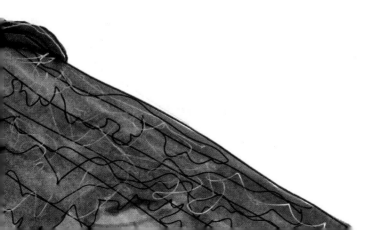

# 蚕

  蚕是一种能产丝的蛾。最初蚕来自中国，但现在世界各地都养蚕产丝，挪威人把它称为"丝虫"，因为吐丝的是它的幼虫。幼虫黄白色，而蚕蛾是白色的，全身毛茸茸。蚕以桑叶为食。

  为了获得蚕丝，幼虫会一直养到成蛹。包裹蛹的茧是由一根长达三百米至九百米的丝线卷成的。它们成蛹以后，人们会将蚕茧放入沸水中以杀死蚕蛹（蚕蛹有时会作为食物食用）。热水也使绕成茧的丝线更容易被拆解，这样人们就可以开始纺丝织绸了。

# 蚕神
## （中国民间故事）

从前有个货郎和他的女儿相依为命。货郎带着货物四处贩卖，而女儿只能守在家里。

一天，父亲出远门之前，给女儿牵来了一匹闪亮的白马。于是每当给马喂食、清理时，女儿都会想起父亲，对父亲的思念日益强烈。一天早上，她非常伤心，便把头靠在马背上，喃喃自语道："要是你能帮我把父亲带回家，我就嫁给你！"她的话还没说完呢，那匹马就冲出马厩，疾驰而去。

几天后，这匹马果然驮着父亲一路小跑回来了。父亲从马背上跳下来，焦急地呼唤女儿。女儿从家里出来，告诉了他事情的前因后果，但这匹马突然开始对她拉拉扯扯起来。父亲抓住那匹马，把它牵到屋后杀了。他把马杀了之后，剥下它的皮，挂到院子里晾干。然后他让女儿郑重起誓，不会让任何人知道这件事。

不久，父亲再次出远门了。一天，一位邻家女孩来找货郎的女儿玩。女儿忍不住给邻家女孩看了马皮，并告诉了她发生的一切。说完，她还拍了拍挂在那儿的马皮，大声喊道："蠢畜生，你还以为自己能娶人当媳妇呢，你被杀死剥皮都是自找的！"

突然，马皮掉下来，紧紧地裹住了货郎的女儿，卷着她穿过田野消失了。邻家女孩吓坏了，跑回家寻求帮助。很快，邻居们都跑出去寻找裹在马皮里的女孩，但怎么找也找不见。

几个星期后，村民们终于发现在一棵大树的树枝上挂着一张白色的马皮，里面就裹着那个货郎的女儿，裹得就像茧一般。原来，她变成了一只蚕，吐出的丝线又粗又结实又美丽。邻家女孩把茧砍破，里面飞出了一只异常美丽的蛾子。从此，货郎的女儿变成了蚕神，负责照看天下的蚕宝宝。

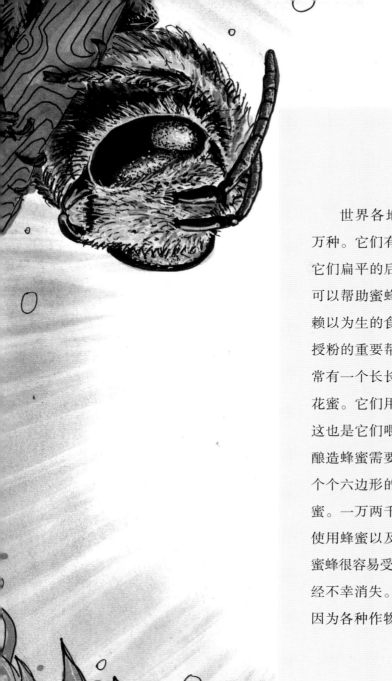

# 蜜蜂

　　世界各地几乎都有蜜蜂，已知的种类有三万种。它们有翅膀和黄黑相间的毛茸茸的身体。它们扁平的后腿上也是毛茸茸的。身体上的绒毛可以帮助蜜蜂采集更多的花粉和花蜜，这是它们赖以为生的食物。蜜蜂是为植物传播花粉或者说授粉的重要帮手，这样植物才得以繁衍。蜜蜂通常有一个长长的舌头，用来从大型的花朵中吮吸花蜜。它们用强大的后腿把身上的花粉刮下来，这也是它们喂养幼虫的食物。蜜蜂会酿造蜂蜜，酿造蜂蜜需要花蜜，它们把花蜜储存在蜂巢里一个个六边形的小蜂房里。花蜜在那儿被转化成蜂蜜。一万两千年前的洞穴壁画清楚地表明，人类使用蜂蜜以及养殖蜜蜂的历史超乎想象的久远。蜜蜂很容易受到气候变化的影响，其中许多种类已经不幸消失。它们对我们的地球来说至关重要，因为各种作物要存活下去，必须依赖蜜蜂授粉。

# 人类与蜂蜜

(巴西传说)

很久很久以前，当世界和人类刚被创造出来的时候，蜜蜂将蜂蜜储存在地上一个一个的小池子里。生活在地球上的人类想吃多少蜂蜜就能吃多少，可是吃太多的甜食对身体没好处啊。有一天，天上众神低头看向他们创造的星球，想看看那儿怎么样了，结果发现那些地球居民对蜂蜜大吃特吃。他们对此很不满意。

"这样下去可不行，人类会变得又胖又懒！"其中一位天神惊呼，其他天神也都这么觉得。于是他们唤来蜜蜂，对它们说："从现在开始，你们得把自己的房子建得高高的，好让人类想吃到蜂蜜非得花一番力气不可。"

蜜蜂照着众神的命令去做了，所以它们直到今天仍把蜂蜜储存在树上而不是地上。

# 虱子

　　虱子是一种寄生在其他物种体表的寄生虫，遍布世界各地。已发现九千种不同品种！虱子头部狭小，身体椭圆而扁平，没有翅膀。虱子的腿末端有小爪勾，非常适于紧紧固定在其他物体上。虱子的眼睛不是发育不良，就是完全缺失。虱子有一个不使用时就隐藏起来的口器，当虱子从宿主身上吸血时口器就会伸出来。虱子从植物、动物和人类身上获取养分，因此，无论是住在树皮里、藻类中、地衣下，还是住在鸟类、哺乳动物和人类的身体上，虱子都能生活得很好。有三种虱子可以生活在我们人类身上：阴虱（生殖器周围）、头虱和体虱。

　　虱子需要定期摄入养分，在正常室温下，仅仅一个昼夜没有进食，它们就会过于虚弱而无法吸血，并很快死去。

# 虱子皮斗篷
## （墨西哥民间故事）

从前有一个国王和一个王后，他们有一个视若珍宝的公主。公主有一头又长又亮的黑发，王后经常帮她梳理头发。一天早上，王后给女儿梳理头发时，一只虱子掉了下来。王后举起手正要把虱子打死，国王拦住她说，他想看看用王族的血喂养的虱子能长多大。

于是，他们就把虱子放入一个玻璃罐子，每天都用公主胳膊上的血喂它。很明显，这是虱子喜欢的食物，因为它不断在长大，他们不得不定期更换更大的罐子。最后，他们不得不把虱子养在桶里！当桶里也装不下虱子时，国王就让他的警卫把虱子杀了，把虱子皮剥下来染了色，缝制成了一件漂亮的斗篷。

国王喜欢竞赛，便在整个王国举办竞猜活动，看谁能猜出这件斗篷是用什么皮做的。有人猜是鹿皮，有人猜是狐狸皮，但没有人能猜对答案。最后，国王许诺，猜对了的人将会得到公主和半个王国。很快，远近的追求者都来了。

一天，一个牧羊人赶着他的羊群经过城堡。他在城堡花园外停下的时候，国王和王后刚好经过这里。牧羊人溜到灌木丛后面，一声不吭地藏起来。国王的心情特别好，他很开心地对王后说，居然没人能猜出这件斗篷是用虱子皮做的。牧羊人暗自一笑，直奔城堡报名参加竞猜。

当牧羊人来到大殿之上时，他大声说自己已经解开了谜题——斗篷是用虱子皮做的！于是，婚礼立刻举行！如果婚礼还没结束的话，他们应该还在痛饮狂欢呢。

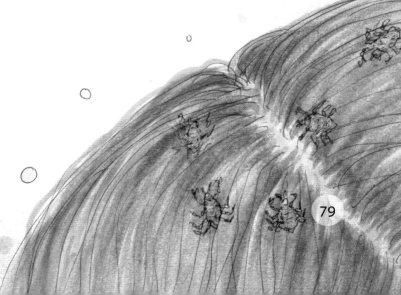

# 蜈蚣

蜈蚣是一种节肢动物，最喜欢生活在温暖地区，但挪威也有它们的踪影。已知的蜈蚣种类有近八千种，但在挪威被发现的只有二十种左右。蜈蚣和马陆的模样很相似，许多人都以为它们是同一种，但其实不是。蜈蚣有许多只脚，但每一体节只有一对脚，因此也被称为百足虫。蜈蚣身长可达三厘米至二十六厘米，头部有一对长长的触角，个别种类的蜈蚣没有眼睛。这些爬虫随着生长发育会蜕皮，它们生活在地面土壤浅表的地方，如潮湿的地窖里、腐烂的树皮下之类的地方。由于它们需要不断向外壳提供水分，因此它们喜欢待在略微潮湿、腐烂的地方。它们可以在水下存活好几天！

蜈蚣是一种掠食动物，吃小型节肢动物等（马陆只吃植物）。为了杀死猎物，它会使用头部前面的两个毒钩。人们被个头大的蜈蚣咬伤会感到疼痛，但并不危险。蜈蚣会产卵，卵孵化后，雌蜈蚣会保护幼蜈蚣长达三个月。某些种类的蜈蚣会在产卵的地方筑起小巢。

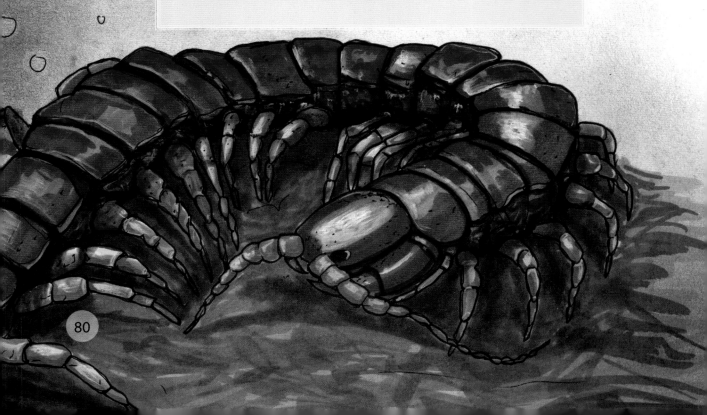

# 龙与蜈蚣

## （中国民间故事）

　　很久很久以前，天地初建，玉帝把所有动物都召集到他身边，说他要制定一份历法。这份历法以十二年为一个循环，每一年都将以一种动物的名字命名。

　　所有动物都很想出现在这份历法上，可玉帝会选它们中的哪十二种呢？一连几天，每一种动物都试图展示出自己最好的一面，以确保能榜上有名。龙很担心，因为尽管它有亮晶晶的鳞甲，还能吐火，但它褐色的头上光秃秃的。它觉得还需要找些东西来装饰自己的头。那时还没有腿的蜈蚣主动提出要帮助它。蜈蚣是个腼腆又长得难看的家伙，原本谁也不喜欢它，但龙感激它愿意帮助自己，就答应它如果给自己弄来头饰，就会帮它变强壮，好让它不再受别人的欺负。

　　于是，蜈蚣立刻出发去为龙寻找好看的头饰了。它首先想到的是公鸡，公鸡头上戴着鲜艳又美丽的冠子。公鸡认为自己肯定会被选上历书，所以当即同意把它的冠子借出去几天。蜈蚣得到了公鸡的红冠之后，兴奋地赶回去报告龙这个好消息。

　　龙对这顶头冠非常满意，为了表示感谢，它对蜈蚣施了魔法，让蜈蚣有了许多条行动迅速的腿和可以咬人的强壮下颚。

　　果然，龙和公鸡都被选上了历书，但是公鸡发现原来借走头冠的是龙，就忌妒起来，想把冠子要回来。龙当然拒绝了，公鸡非常生气，愤怒地扑向蜈蚣，幸亏蜈蚣新添的那些腿跑得快，在公鸡把它啄成碎片之前，它就消失在石头下了。从那以后，蜈蚣就一直住在石头底下，远远地躲开公鸡。

# 螳螂

　　螳螂是一种与蟑螂和白蚁有亲缘关系的昆虫。已知的种类约有两千三百种，大多分布在世界各大洲的温暖地区，不过挪威没有。螳螂是绿色或褐色的，有近三角形的头部、长长的身体和类似蝗虫腿的后腿。螳螂身长可达一厘米至十五厘米，欧洲螳螂通常为六厘米至七厘米。这种昆虫的许多种类都有翅膀，如有翅膀就一定有两对。某些种类的螳螂胸部有一些颜色艳丽的赘生物，使它们看起来有点像花朵。挪威人把螳螂又叫作"祷告虫"，是因为在等待猎物时，它们举起前臂的样子看起来像是在祈祷。螳螂吃昆虫，但一些大型螳螂也吃小鸟、青蛙和蜥蜴！螳螂会产卵，雌螳螂会分泌一种液体保护它们的卵。

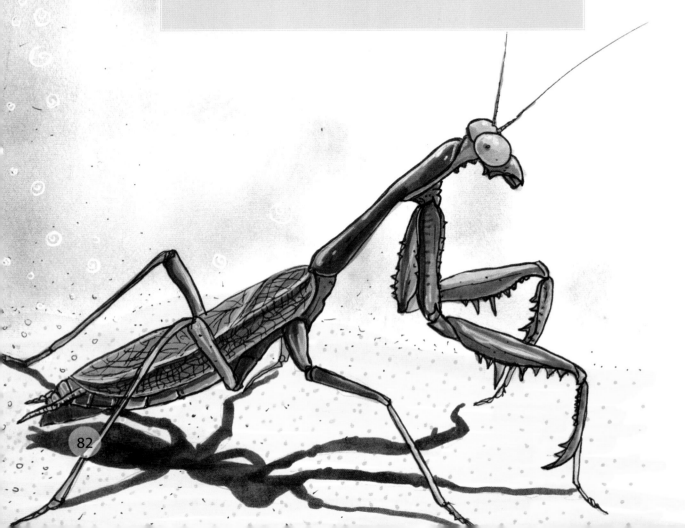

# 螳螂为什么不停地抖

*（加纳民间故事）*

在那美好的过去，神拥有一大片的甘薯田，产出的甘薯又大又甜，美名远播。于是秋天来临，需要收获甘薯时，人们从四面八方赶来帮忙。大家都为丰收而欢欣鼓舞。除了蜘蛛阿南西，因为它忌妒神拥有这些甘薯，于是它决定把它们偷走。它每天都在地里干活，但每挖出来一个甘薯，它就偷偷运回了自己家。

有一天，神发现甘薯少了很多，于是派人去抓小偷。那些人在晚上设了个陷阱，阿南西果然就掉进了陷阱，动弹不得。整个晚上，它都在哀叹怎么会落到这步田地，不知道自己会受到怎样的惩罚。第二天一大早，它看到一只螳螂经过，于是想到了一个主意，它就把螳螂叫来身边。

"螳螂，你能不能帮我一点小忙呢？"它问，"我们正在抓偷甘薯的小偷，可我在这儿站岗已经三天了。为了把贼骗进这个坑，我不得不把脚踩在陷阱里，一步也不敢挪开！可我再不回家吃点东西，一定会饿死的，真希望有人愿意替我站会儿岗……"

这听起来有些不合常理，但螳螂看着阿南西那可怜样，还是心软了。它答应替阿南西站岗，让阿南西回家吃点东西。可当它刚把脚伸进陷阱里时，阿南西就飞快地跑了。这只自私自利的蜘蛛直奔那些设下陷阱的人，高喊小偷被陷阱困住了。那些人跑到陷阱那里一看，自然就以为螳螂是偷甘薯的罪魁祸首，于是对着可怜的螳螂一顿揍，打得它直到今天还是头晕目眩，抖个不停。

# 蝗虫

　　蝗虫几乎遍布陆地各个角落，已发现超过一万一千个种类。它们是最古老的食草昆虫——早在恐龙之前就已存在了！蝗虫通常呈绿色或褐色，有强大的后腿、结实的身体，还有翅膀，个别种类可以飞得很远。它们最喜欢生活在干燥、开阔的地区，最好是有草生长的地方，那是它们的主要食物。某些种类也是猎食高手，吃其他昆虫或蠕虫。如果它们结群行动，会对耕地农作物造成巨大的破坏。奇妙的是，蝗虫的耳朵长在腹部。蝗虫的每个种类都有自己独特的鸣声，以便与其他种类区分。这有助于同一物种的雄虫和雌虫找到彼此。蝗虫没有幼虫阶段，从卵中孵化出来就已是成虫的模样。

# 蝗虫和蟾蜍

*（非洲民间故事）*

从前，蝗虫和蟾蜍是好朋友，相处很融洽。有一天，蟾蜍邀请蝗虫上它家吃饭。饭前，蟾蜍太太要求两位先生洗洗前腿。对于蟾蜍来说，这个任务很快就结束了，但是当蝗虫搓洗两条前腿时，发出了尖利刺耳的"嘎吱"声。蟾蜍不悦地看向它的客人。

到了吃饭的时候，蝗虫尽了最大努力不让它的两条前腿碰到彼此，但还是时不时发出尖利刺耳的摩擦声。"天啦！一直听着这个声音都没法安心吃东西了！"蟾蜍生气地脱口而出。结果在这顿饭的剩余时间里，只要蝗虫发出一丁点摩擦声，就会受到蟾蜍的指责。

这顿饭对于蝗虫来说，真是一场煎熬啊。尽管非常不高兴，但出于礼貌，蝗虫还是邀请蟾蜍第二天到它家去吃饭。

第二天，蟾蜍敲响了蝗虫的家门，被迎了进去。上桌之前，它们都得把前腿洗干净。蟾蜍像往常一样洗完前腿后，准备又跟往常一样跳着走路，四只脚刚落到地上，蝗虫就拦住它说："瞧瞧你，又脏了！再去洗一下吧，别再这样跳了！"蟾蜍垂头丧气地拖着腿，又去洗了一遍，可是要想去桌边吃饭，它就不得不四脚沾地地跳。蝗虫严厉地看着它，不住地摇头。这下轮到蟾蜍大发雷霆了，大喊道："你不是不知道，我非得这么跳着才能往前走呀！你就是不想让我跟你吃这顿饭吧！"

从那天起，蝗虫和蟾蜍就不再是朋友了，因为如果要做真正的朋友，就必须接受彼此的缺点。

# 眼镜蛇

眼镜蛇是眼镜蛇科的毒蛇统称，这类蛇发怒或者被惹恼时，会抬起上半身并张开最前面的肋骨。于是颈部的皮肤随之伸展开来，形成盾牌样的颈部。最有名的眼镜蛇就是印度眼镜蛇，一种生活在印度的巨毒蛇。已知的眼镜蛇种类总共有三十多种，一般都生活在非洲、中东和亚洲的温暖地区。

有一种特殊的眼镜蛇被称为喷毒眼镜蛇，它们确确实实可以喷射毒液！它们的喷射技术极其高超，在两米以内的范围，它们可以射中猎物的眼睛。和眼镜蛇相关的传说有无数，据说埃及最后一任女法老克娄巴特拉就是被一条眼镜蛇夺去性命的。

# 农夫和眼镜蛇

### （印度寓言）

　　一天深夜，一个富农的儿子走在一条小路上。他和朋友们一起玩乐了一整天，这会儿要回家了。男孩不知道，这条路上正躺着一条在休息的眼镜蛇。天色很昏暗，蛇又在路中间盘踞着，所以男孩根本没有发现它。当男孩一脚踩在了这条蛇的蛇尾上时，男孩吓得魂不附体！他当然不是有意的，但眼镜蛇还是勃然大怒，将毒牙一口咬上了男孩。毒液立刻进入了男孩的身体，很快男孩就瘫倒在地，死去了。

　　当农夫得知儿子已死的消息，非常绝望，愤怒地抄起斧子找到了蛇的住地。他满怀丧子之痛，将斧子扔向蛇，刚好砸到了想逃跑的眼镜蛇。眼镜蛇的尾巴就这么被砍下来了！

　　这下眼镜蛇更加愤怒，决定报复。一天晚上，它偷偷溜进围栏，将农夫养的牛咬死了一头，而且此后每天晚上都来杀一头牛。过了不久，农夫开始意识到这之间的因果关系，决定带着牛奶和蜂蜜去眼镜蛇那里求和。一开始，他们彼此站得远远的，试探地打量对方。

　　"咱们就不能和好做个朋友吗？"最后农夫问。

　　"不行，"蛇答道，"你永远不会忘记你儿子的死，我也永远不会忘记我的断尾之痛。"

　　从那以后，人类和眼镜蛇就因为对彼此的恐惧和尊重而一直保持距离。

# 蜱(pí)虫

　　蜱虫，也被称为壁虱、扁虱、草爬子，是一种与螨虫有亲缘关系的蛛形纲动物，遍布世界各地。它栖息于潮湿的灌木丛和树木中，身体很小，呈黑色，以动物和人类的血液为食。在它开始吸血之前，很难被注意到。蜱虫吸血之后会长大，可以长到豌豆一样大。蜱虫会向人类传播多种疾病，其中就有可怕的莱姆病。如果得了这种病，就得接受抗生素治疗。蜱虫产的卵会在早春孵化。孵化出来的幼虫必须找到动物或人类来吸血，才能发展到我们称之为若虫的阶段。多数蜱虫可以活两年。

# 蜱虫是怎么来的

## （北美印第安人传说）

很久以前的一个寒冷的冬天，在大草原上的一个小帐篷里住着一头郊狼。它一连几天躺在那里盯着火堆，被饥饿折磨得睡不着觉。它唯一想的就是能有一根髓骨该多好，可以拿来煮汤喝。

一天晚上，它听到帐篷外面有声音。它走出帐篷，发现地上有个皮袋子，里面竟然装满了髓骨！郊狼马上开始煮汤。它一连喝了一个星期的汤——但之后，折磨它的饥饿又来了。这回，郊狼特别想能得到点鹿肉。它正想着呢，突然听到帐篷外面"砰"的一声巨响，急忙跑出去看个究竟。又是一个皮袋子，里面装着一条满是肉的鹿腿。郊狼感激地叹了一声。这到底是谁给了它食物呢？它决定躲在帐篷附近的一丛灌木后，等着看个究竟。

离这儿不远处，住着一个古怪的老巫师，他有很多条手臂。原来是他听到了郊狼的心愿，给它带来了食物。一天，郊狼躲在灌木后，看到巫师正往家赶，于是悄悄地跟上了他。当到达巫师的帐篷时，郊狼看到一排排的鹿肉块在太阳底下晒着。巫师生火时，郊狼小心翼翼地走出来，说如果巫师肯把它留在身边，它就负责给他打水。巫师并不想和郊狼一起生活，但想了一会儿，他指着东边说："你可以在那边搭帐篷。"

三天后，郊狼非常饥饿，决定杀死巫师，这样它就能得到巫师的所有食物。于是，它趁着巫师弯腰挖掘草药和树根时，扑到巫师身上咬死了他。但它满心欢喜地回到巫师的帐篷后，大吃一惊！

巫师根本没有死，而是好端端地坐在火堆前——火堆前还有一堆舞动的髓骨和鹿腿围着他跳舞。突然，那些骨头汇聚到一起变成了一头鹿，站在那里盯着郊狼。郊狼吓得转身想逃，谁知老巫师猛地扑到鹿身上，用他的那些胳膊抓住鹿的尾巴，骑着鹿向郊狼追来。郊狼跟巫师做邻居后也学会了一些魔法，情急之下它大喊："变成蜱虫吧，巫师！"没想到魔法灵验了，接着它又喊："每年春天，你都将住在鹿身上！"从那以后直到今天，蜱虫一直生活在动物的皮毛上。

# 太攀蛇

　　太攀蛇是眼镜蛇科的一种毒蛇，被认为是世界上毒性最强的蛇。太攀蛇生活在澳大利亚，已知的有三种：内陆太攀蛇、海岸太攀蛇和中陆太攀蛇。太攀蛇大约两米长，以大鼠、小鼠、鸟类和小蜥蜴为食。太攀蛇有大长牙，它的毒液是一种神经毒素——这种毒素能麻痹猎物心肺的神经区，使猎物因呼吸系统衰竭而死亡。太攀蛇会在黑暗的洞穴或废弃的动物巢穴里产十二至二十枚卵，身体颜色会根据季节的不同而变换。太攀蛇的蛇毒比普通眼镜蛇的毒性强五十倍，四十五分钟之内就能让一名成年男子丧命。这种蛇咬一口所产生的毒素能杀死二十五万只小鼠！

# 彩虹蛇

## （澳洲原住民神话）

地球刚被创造出来的时候，是完全平坦的，动物和人类都在努力寻求属于自己的一席之地。

太攀巨蛇古力很想找到自己的同类，组建一个大家庭，于是它踏上了漫长的旅程。无论来到哪里，它都会聆听风传来的声音，但它听到的都是陌生的声音在说着它听不懂的语言。它只好继续自己的旅程。它的身体如此巨大，在地面留下了深深的痕迹，变成了河流、山谷和峡湾。

一天，太攀蛇遇到了两只有着美丽彩虹色羽毛的鹦鹉兄弟。兄弟俩很高兴有了新的聊天对象，于是决定结伴同行。几个星期后，路上刮起了一场可怕的风暴。古力张开大嘴，让鸟儿们躲进嘴里以避过风暴。鸟儿们刚刚坐稳，就有一滴雨落进了太攀蛇的一个鼻孔里。大蛇实在忍不住，打了一个超大的喷嚏，将两只还没来得及出声的鹦鹉一口吞下了。一想到要是神知道它不小心吞掉了朋友，不知会降下什么灾难，古力立刻害怕起来，不敢再继续上路寻找自己的同类了。太攀巨蛇只得躲到天边，下雨之后，我们在天上看到的彩虹就是它。那时的它身上现出鹦鹉羽毛的五色，弯弓一样横在天边。

# 有关故事的说明

### 什么是民间故事？

民间故事是我们所知的古老文学的一种。最早的民间故事在书籍出现之前就已存在很长时间了，而且我们经常可以从听到的故事中发现，这些故事带有浓重的口头叙述风格，有许多的重复和固定的体裁特征。许多民间故事都是以"从前……"开头，并且暗藏了数字3、7、9或12，这些特征有助于故事的讲述者记住民间故事的进展和细节。这些民间故事富有幻想色彩，往往讲的是超自然的事物，而且是世代口口相传保留下来的。

### 什么是神话？

神话是一个概念，用于描述不同文化中的历史故事、民俗故事、神的故事或传说、传奇故事。这些都是我们人类编造出来的故事，但也很可能是以真实事件为基础的再创作。神话一开始只是口头故事，后来才被记录下来。这些故事因为是口口相传，所以随着时间的推移而发生了变化。地球上的各个民族都或多或少拥有自己的神话，用以解释世界和人类之间的关系。神话里通常都有超自然的存在，如神或半神。

### 什么是传说？

传说是那些看起来像是真实故事的故事。一个故事要能称为传说，必须是众所周知的，而且必须是流传已久的故事。

**什么是寓言？**

寓言是一种让我们懂得某种道理的短篇故事。在寓言故事中，动物、植物和没有生命的东西可以像人类一样说话和做事。创作寓言故事的人中最著名的是伊索，传说他是生活在公元前约五百年的一个古希腊奴隶。

97